즐꺼깡
과학탐구
2

기획·글 이경미 이윤숙

교육을 접목한 어린이용 출판물을 기획하고, 글 쓰는 일을 오랫동안 하고 있습니다. 《와이즈만 유아 과학사전》, 《와이즈만 유아 수학사전》, 《주니어 플라톤》 외 다수의 출판물을 개발하였습니다.

감수 와이즈만 영재교육연구소

즐거움과 깨달음, 감동이 있는 교육 문화를 창조한다는 사명으로 우리나라의 수학, 과학 영재교육을 주도하면서 창의 영재수학과 창의 영재과학 교재 및 프로그램을 개발하고 있습니다. 구성주의 이론에 입각한 교수학습 이론과 창의성 이론 및 선진 교육 이론 연구 등에도 전념하고 있습니다. 국내 최초의 사설 영재교육 기관인 와이즈만 영재교육에 교육 콘텐츠를 제공하고 교사 교육을 담당하고 있습니다.

즐깨감 과학탐구 2 동물·식물·생태계·우리 몸

1판1쇄 발행 2019년 7월 23일   **1판8쇄 발행** 2023년 3월 20일

기획·글 이경미 이윤숙 **그림** 양민희, 김영곤 **감수** 와이즈만 영재교육연구소

발행처 와이즈만BOOKs **발행인** 염만숙 **출판사업본부장** 김현정
편집 오미현 원선희 **디자인** 도트 박비주원 유진영
마케팅 강윤현 백미영

출판등록 1998년 7월 23일 제1998-000170   **주소** 서울특별시 서초구 남부순환로 2219 나노빌딩 5층
제조국 대한민국   **사용 연령** 5세 이상
전화 02-2033-8987(마케팅) 02-2033-8983(편집)   **팩스** 02-3474-1411
전자우편 books@askwhy.co.kr   **홈페이지** mindalive.co.kr

와이즈만북스는 (주)창의와탐구의 교육출판 브랜드로 '책으로 만나는 창의력 세상'이라는 슬로건 아래 '와이즈만 사전' 시리즈, '즐깨감 수학' 시리즈, '첨단과학' 학습 만화 시리즈 외에도 어린이 과학교양서 '미래가 온다' 시리즈 등을 출간하고 있습니다. 또한 창의력 기반 수학 과학 융합교육 서비스로 오랫동안 고객들의 호평을 받아온 '와이즈만 영재교육'의 우수한 학습 방법과 콘텐츠를 도서를 통해 대중화하고 있습니다. 와이즈만북스는 학생과 학부모에게 꼭 필요한 책, 깨닫는 만큼 새로운 호기심이 피어나게 하는 좋은 책을 만들기 위해 최선을 다하고 있습니다.

즐깨갚 과학탐구

동물 · 식물 생태계 우리 몸

창의영재들을 위한 미리 보는 과학 교과서

2

이경미, 이윤숙 기획·글   와이즈만 영재교육연구소 감수

✻ 와이즈만 BOOKs

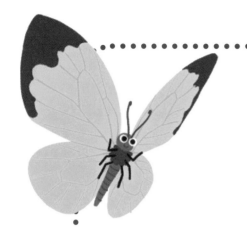

추천의 글

시중에서 판매하는 단순한 학습지와는 다르게,
창의적으로 생각할 수 있는 과학 활동이 많아서 좋아요.
개념을 뒤집어 생각하고 글로 써 보기도 하니까 아이의 창의성 향상에 많은 도움이 돼요.
– 와이키즈 서초센터 정지윤 선생님

과학을 좋아하는 아이라면 학교에 들어가기 전에 꼭 풀어 보면 좋은 워크북이에요.
부분 부분 알고 있는 과학 개념을 잘 정리해서 잡아 줄 수 있고,
과학 활동이 흥미롭게 구성되어 있어서 재미있게 과학을 공부할 수 있게 해 줘요.
– 와이즈만 영재교육 대치센터 유해림 선생님

유아에게 과학을 지도하는 것이 어려운 교사들에게 꼭 권하고 싶은 책이에요.
쉽고 즐겁게 과학을 지도할 수 있는 과학 자료나 활동을 제공해 줘요.
– 조은어린이집 박가영 선생님

누리과정과 연계가 잘 되어 있어요. 자연탐구 영역에서 배우는 탐구하는 태도 기르기와
과학적 탐구하기 내용이 그림으로 쉽게 잘 표현되어 있어요.
책의 구성만 잘 따라 해도 탐구하는 태도가 길러질 것 같아요.
– 창천유치원 지미성 선생님

과학의 개념을 쉽게 알려주고 즐겁게 문제 풀며 과학의 재미에 빠질 수 있게 도와주어요.
– 쭌맘 님

초등 3학년부터 과학 교과가 나오는데 그에 대한 대비로
아이와 함께 미리 만나 보면 좋을 것 같아요.
– 명륜맘 님

수수께끼 놀이처럼 만나는 첫 과학 워크북으로
과학 하는 즐거움을 선물하세요

학습 측면에서 과학은 국어나 수학에 비해 우선 순위가 밀립니다. 초등학교 입학하기 전이나 저학년까지
는 과학 그림책이나 만화책, 도감류 정도로 과학 지식을 접합니다. 아마도 과학 사실이나 개념, 이론 같은
과학 지식이 아이들에게 어렵다거나, 아직 필요하지 않다고 생각하기 때문일 것입니다. 하지만 과학 지식은
아이들의 궁금증에 대한 답이고, 세상이 움직이는 이치입니다. 그 답을 찾지 않게 되면 궁금증은 점점 사
라지고, 어른들처럼 당연하고, 익숙해져 버립니다. '그렇다면 과학을 어떻게 시작할까? 궁금증을 잃지 않
고 스스로 답을 찾게 하려면 어떻게 하면 좋을까?' 이런 고민 끝에 《와이즈만 유아 과학사전》과 《즐깨감 과
학탐구》를 기획하게 되었습니다. 이 시리즈를 통해 과학에 궁금증을 가지고, 탐구 방법을 배워 스스로 문
제를 해결하는 능력을 키울 수 있도록 하였습니다.

　최근의 과학 교육은 많은 양의 과학 지식을 가르치는 것보다는, 과학을 어떻게 공부할 것인지를 가르치
는 추세입니다. 저희는 이러한 추세를 반영하여 과학 지식과 탐구 방법을 동시에 익히도록 이 책을 구성하
였습니다. 아이들이 마주하는 대상과 현상(생명과학, 물리과학, 지구과학으로 구분되는 과학 지식)을, 무
심하지 않게 다가가도록(관찰, 분류, 추리, 예상, 실험, 의사소통의 탐구 방법) 하였습니다.

　아이들에게 단순한 문제 풀이집은 필요하지 않습니다. 저희는 문제 풀이를 훈련하는 것이 아니라, 문제
해결력을 기르는 것에 역점을 두었습니다. 과제를 던져 주고, 스스로 그 과제를 해결하기 위해 탐구하도록
하였습니다. 《즐깨감 과학탐구》 시리즈를 학습할 때 《와이즈만 유아 과학사전》을 옆에 두고 함께 읽기를
추천합니다.

　이 책이 아이들에게는 처음 만나는 과학 수수께끼 놀이책이 되기를 바랍니다. 그리고 수수께끼를 해결
하는 과학 탐정으로 성장하기를 기대합니다.

이경미·이윤숙

과학 뇌를 깨우는 신개념 과학탐구 시리즈《즐깨감 과학탐구》는 탐구 활동을 통해, 스스로 과학 지식을 발견하고 문제를 해결하며, 사물 간의 속성을 관계 짓고, 추론하게 합니다.

《즐깨감 과학탐구》는 과학을 탐구하는 방법을 배웁니다.

문제를 해결하기 위해 스스로 과학적인 사실을 찾아가는 과정이 과학 탐구입니다.《즐깨감 과학탐구》는 유아나 초등 저학년 때에 적합한 과학 탐구 방법으로 관찰, 비교, 분류, 예측과 추론, 의사소통의 탐구 방법을 배우며 문제를 해결할 수 있도록 구성되어 있습니다.

❶ 관찰하기는 대상을 그대로 세밀하게 살피는 탐구 방법입니다.《즐깨감 과학탐구》는 감각을 사용해서 관찰 대상의 특징을 파악하거나, 다른 대상과 공통점이나 차이점을 비교하는 방법을 학습합니다.

❷ 분류하기는 대상의 공통점과 차이점에 따라 나누는 탐구 방법입니다.《즐깨감 과학탐구》는 관찰을 통해 파악한 대상의 특성을 찾아 공통적인 대상끼리 모아, 구분합니다. 분류하는 기준은 다양하지만, 주어진 대상들을 가장 잘 나타내는 특성을 찾는 것이 중요합니다.

❸ 예측하기는 이미 알고 있는 지식이나 경험을 토대로 하여 앞으로 일어날 일을 예상하는 탐구 방법입니다. 예측하기는 생각나는 대로 미리 말해 보는 것이 아니라 측정이나 사실을 통해 검증할 수 있어야 합니다.《즐깨감 과학탐구》는 주변에서 쉽게 할 수 있는 실험이나 관찰 탐구를 통해 알게 된 사실을 근거로 미리 예상하고, 확인할 수 있도록 구성되어 있습니다.

❹ 의사소통하기는 과학 사실을 질문하고, 설명하거나 개념을 표현하는 탐구 방법입니다. 글, 표, 그림 등 다양한 형태로 이루어집니다.《즐깨감 과학탐구》는 배운 과학 지식을 토대로 하여 글로 표현하도록 구성되어 있습니다.

❺ 추론하기는 인과 관계를 직접 관찰할 수 없을 때 사건의 원인을 알아내는 탐구 방법입니다. 보통 관찰과 추론을 혼동하기도 합니다. 관찰은 감각을 통해 어떤 대상을 단순히 기술하는 것이고, 추론은 사실에 근거를 두고 결과를 내는 탐구 방법입니다.《즐깨감 과학탐구》는 관찰하여 알게 된 사실을 근거로 문제를 추론하도록 구성되어 있습니다.

《즐깨감 과학탐구》는 다양한 탐구 활동으로 과학 지식을 배웁니다.

《즐깨감 과학탐구》는 크게 세 가지의 탐구 영역으로 구성되어 있고, 각각의 탐구 영역 특성에 맞는 다양한 탐구 활동으로 과학 지식을 배웁니다.

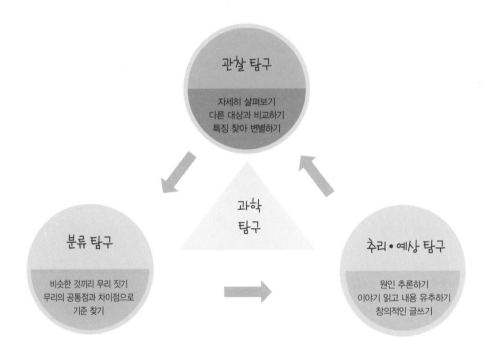

❶ 관찰 탐구 영역은 '어떻게 생겼나?', '어떻게 다른가?', '무슨 일이 일어나는가?'에 초점을 맞추어 학습합니다. 대상을 자세히 살펴보고, 다른 대상과 비교하여 변별하는 활동을 통해 과학 사실을 발견합니다.

❷ 분류 탐구 영역은 '속성이 비슷한 것끼리 모아 보기', '분류 기준 찾기', '여러 번 분류하기' 같은 과정에 초점을 맞추어 학습합니다.

❸ 추리·예상 탐구 영역은 '왜 그럴까?', '무엇일까?', '누구일까?', '다음은 어떻게 될까?', '~하면 어떤 일이 일어날까?', '순서 찾기'에 초점을 맞추어 학습합니다. 관찰 탐구나 분류 탐구를 통해 알게 된 사실을 근거로 추론하고, 예측하여 문제를 해결합니다.

《즐깨감 과학탐구》는 누리 과정의 자연 탐구 영역과 초등과학을 총망라하였습니다. 과학 내용을 9가지 주제로 나누어 주제에 따라 관찰 탐구, 분류 탐구, 추리·예상 탐구를 통해 과학의 개념과 원리를 알아봅니다.

1 주제별 구성

1권, 2권에서는 동물, 식물, 생태계, 우리 몸 주제를 통해 생명의 개념과 살아가는 원리를 알아봅니다. 3권, 4권에서는 물질, 힘, 에너지, 지구, 우주 주제를 통해 살아가는 환경의 특징과 원리를 알아봅니다.

2 탐구 활동별 구성

관찰 탐구에서는 주로 대상의 관찰을 통해 개념이나 원리를 알 수 있습니다. 분류 탐구에서는 관찰에서 알게 된 대상들을 나누고 모아 보면서 개념을 확장시켜 봅니다. 추리·예상 탐구에서는 아이가 궁금해하는 주제를 다루어 개념을 확장하고, 스스로 판단해 보게 합니다.

3 탐구 활동별 캐릭터

관찰씨, 분류짱, 추리군의 탐구별 안내 캐릭터가 등장하여 탐구 활동을 돕습니다. 개념 설명이나 단서 제공, 활동을 안내해 줍니다.

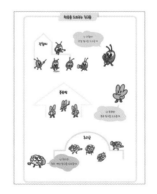

4 다양한 과학 놀이

숨은그림찾기, 수수께끼, 색칠하기, 창의적 꾸미기, 길 따라가기, 게임, 만들기, 실험 같은 다양한 과학 놀이로 탐구 활동을 합니다.

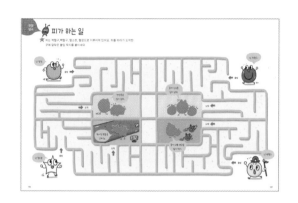

5 읽기 및 창의적 과학 글쓰기

짧고, 단순한 글을 읽고, 사실을 유추하여 판단해 봅니다. 과학 사실을 근거로 글쓰기를 합니다. 읽기, 말하기, 글쓰기의 의사소통 탐구 방법은 다른 사람에게 설명하거나 설득하는 데 필요합니다.

6 학습을 도와주는 손놀이 꾸러미

손놀이 꾸러미로 만들기와 분류 카드, 붙임 딱지가 있습니다. 분류 카드, 붙임 딱지는 문제 해결을 위한 음영이나 색 단서를 주어 스스로 학습이 가능합니다. 손놀이 꾸러미에 있는 활동 자료로 직접 해 보면서 과학을 재미있게 받아들입니다.

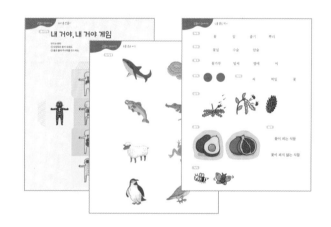

7 과학 안내서로 활용하는 해설집

부록으로 해설집을 두어 문제에 담긴 과학의 개념과 원리를 알기 쉽게 설명하였습니다. 지도서로 잘 활용하여 학습을 더욱 재미있고 풍성하게 해 주세요.

《즐깨감 과학탐구》는 총 4권으로, 아이들이 마주하는 과학의 모든 영역을 다루고 있습니다. 1권, 2권에서는 동물, 식물, 생태계, 우리 몸 주제를, 3권, 4권에서는 물질, 힘과 에너지, 지구, 우주 주제를 다루어 과학의 기본 개념과 원리를 알아봅니다.

즐깨감 과학탐구 ❶ 동물·식물·우리 몸

동물, 식물, 인체의 생김새의 특징, 주변 환경과의 관계 및 각각의 명칭과 기능을 알아봅니다.

* 동물의 생김새와 사는 곳 알기 | 초식 동물과 육식 동물 구분하기 | 새의 특징 비교하기 | 새끼를 낳는 동물과 알을 낳는 동물 분류하기 | 포유류 특징 알기

* 식물의 구조 살펴보기 | 잎, 줄기, 뿌리의 생김새 비교하기 | 줄기에 따라 식물 분류하기 | 식물의 특징과 이름 유추하기 | 잎의 광합성 원리 이해하기

* 몸의 생김새와 명칭 알기 | 뼈와 이의 생김새 살펴보기 | 몸의 털 그리기 | 손뼈 만들기와 관절 실험하기 | 뇌의 기능 알기 | 몸의 감각 기관과 각 기능 알고, 유추하기

즐깨감 과학탐구 ❷ 동물·식물·생태계·우리 몸

동물 및 식물이 자라는 과정을 알고, 인체의 내부 모습과 각 기관의 움직이는 원리를 알아봅니다.

* 닭, 개구리, 나비의 자라는 과정 살펴보기 | 포유류, 조류, 파충류, 양서류, 어류로 분류하기 | 곤충의 탈바꿈 알기 | 동물의 의사소통이나 자기 보호 방법 알기

* 꽃의 생김새와 씨와 열매가 만들어지는 과정 살펴보기 | 다양한 씨와 열매의 생김새 비교하기 | 식물을 이용한 물건 찾아보기 | 식물과 관련된 일을 찾아 글쓰기

* 먹이 사슬과 먹이 그물 관계에 있는 생태계 특징 살펴보기 | 세균, 곰팡이, 바이러스 같은 미생물과 관계있는 일 찾아보기

* 뇌와 신경 알기 | 호흡, 소화 원리 살펴보기 | 배설 기관 살펴보기 | 피의 구성과 기능 살펴보기 | 방귀와 똥에 대해 살펴보기 | 배꼽과 유전에 관한 글쓰기

즐깨감 과학탐구 ❸ 물질·힘과 에너지·지구

물질의 종류와 특징 및 상태, 힘과 운동에 대해 살펴보고, 우리가 살아가는 땅과 흙과 같은 자연환경에 대해 알아봅니다.

* 물질의 특성과 쓰임새 살펴보기 | 고체, 액체, 기체 상태 비교하기 | 만든 물질이 같은 물건끼리 모으기 | 물 위에 뜨는 물질, 가라앉는 물질 유추하기

* 지레, 빗면, 도르래의 원리 알아보기 | 용수철이나 나사를 쓰는 물건끼리 모으기 | 힘의 작용, 반작용 원리로 결과 예상하기 | 코끼리를 도구로 옮기는 방법을 글로 써 보기

* 날씨의 특징과 물의 순환 살펴보기 | 땅 모양과 화산 알아보기 | 화석 분류하기 | 구름이나 바람이 생기는 순서 따져 보기 | 날씨 현상의 원리 유추하기

즐깨감 과학탐구 ❹ 물질·힘과 에너지·지구·우주

물질 상태의 변화, 빛의 반사와 굴절 원리를 살펴보고, 지형과 지진, 일식, 월식 현상에 대해 알아봅니다.

* 물질 변화 비교하기 | 불에 타는 것과 불을 끄는 것 비교하기 | 신맛 나거나, 미끌거리는 물질끼리 모으기 | 공기 실험하고, 결과 예상하기

* 빛을 비추어 보고, 그림자 살펴보기 | 거울과 렌즈 비교하기 | 열이 전해지는 방법 알아보기 | 물속에 비치는 모습 유추하기 | 빛이 없을 때 상상하여 글로 써 보기

* 지구의 겉과 속 들여다보기 | 돌의 생김새와 쓰임새 비교하기 | 지진으로 일어나는 결과 예상하기 | 대피할 때 필요한 물건과 이유를 글로 써 보기

* 지구를 둘러싼 공기 살펴보기 | 태양계 살펴보기 | 계절별 별자리 분류하기 | 일식과 월식의 원리 유추하기 | 우주의 특성을 근거로 우주복에 필요한 장치 그리기

동물

식물

생태계

관찰 탐구

분류 탐구

추리·예상 탐구

우리 몸

관찰 탐구

분류 탐구

추리·예상 탐구

학습을 도와주는 친구들

관찰씨

난 관찰씨!
관찰 탐구를 도와줄게.

분류짱

난 분류짱!
분류 탐구를 도와줄게.

추리군

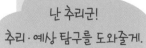

난 추리군!
추리·예상 탐구를 도와줄게.

동물

관찰 탐구
- 만들기를 통해 동물의 이빨 특징 살펴보기
- 닭, 개구리, 나비가 자라는 과정 살펴보기
- 비슷한 동물끼리 생김새 비교하기

분류 탐구
- 포유류, 조류, 파충류, 양서류, 어류로 구분지어
  공통점과 차이점 알아보기
- 자라는 과정을 기준으로 곤충 나누어 보기

추리 · 예상 탐구
- 뼈나 피부의 특징을 보고 동물 유추하기
- 생김새를 근거로 하여 곤충의 애벌레나 번데기 찾기
- '만약 물고기에 날개가 있다면?' 글로 써 보기

교과 연계 단원

이빨을 드러내!

⭐ 누구의 이빨일까요? 종이컵으로 이빨 모양을 만들어 살펴보고, 닮은 동물과
선으로 이으세요.

어미와 새끼

⭐ 어미와 새끼가 닮은 동물에 🔴, 어미와 새끼가 닮지 않은 동물에 🔴 붙임 딱지를 붙이세요.

닭은 어떻게 자라나?

⭐ 닭의 수컷이 암컷을 찾아가요. 새의 특징을 찾아 길을 따라가세요.

⭐ 닭은 어떻게 자라나요? 그림을 순서대로 보고, 알맞은 글자 붙임 딱지를 붙이세요.

암탉   수탉

온몸이 깃털로 덮여 있고, 볏이 뚜렷해.

알

몸이 솜털로 덮여 있어.

병아리

닭

⭐ 닭, 오리, 독수리처럼 몸이 깃털로 덮여 있고, 날개와 부리가 있는 새를 무엇이라고 하나요? 알맞은 글자 붙임 딱지를 붙이세요.

조류

단단한 비늘로 덮인 동물

⭐ 악어처럼 털이 없는 동물은 무엇인가요? 관찰씨가 가리키는 동물을 찾아 색칠하세요.

악어   이구아나   거북   도마뱀

악어나 거북 같은 파충류는 알을 낳아요. 붙임 딱지에 있는 새끼를 알맞은 곳에 붙이세요.

 파충류는 대부분 다리가 있어요. 다리가 없는 파충류에 ○ 하세요.

《와이즈만 유아 과학사전》 32쪽을 찾아봐.

 악어, 이구아나, 거북, 도마뱀처럼 몸이 단단한 비늘로 덮여 있는 동물을 파충류라고 합니다.

21

파충류 게임

⭐ 누가 더 많이 맞힐까요? 수수께끼에 알맞은 동물 붙임 딱지를 붙이세요.

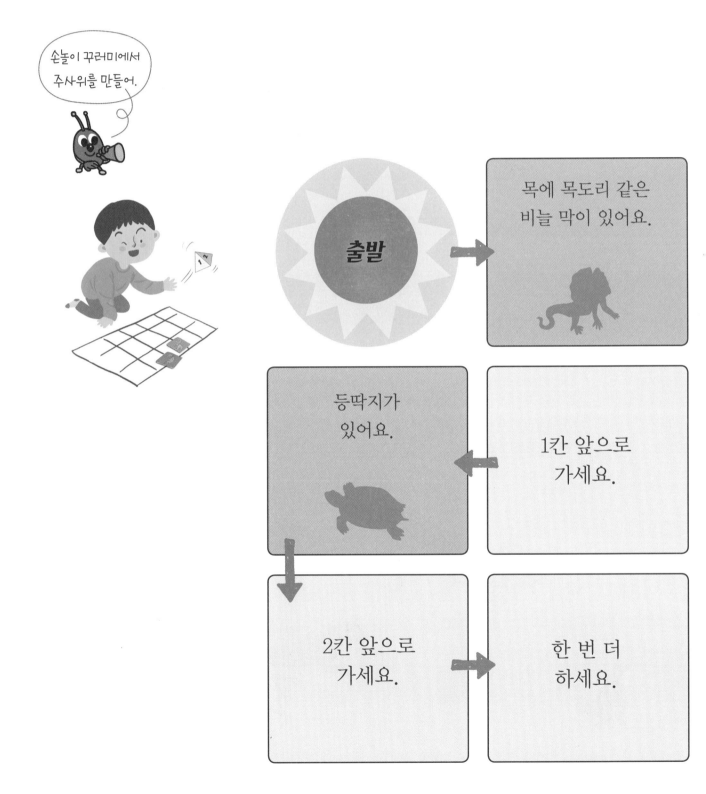

게임 방법
① 자신의 붙임 딱지 색깔을 정하세요.
② 주사위를 던져 나온 수만큼 앞으로 가세요. 도착한 칸의 글을 읽고,
　알맞은 동물 붙임 딱지를 붙이세요.
③ 출발에서 화살표 방향으로 움직이세요.
④ 한 사람이 먼저 도착하면 게임이 끝나고, 붙임 딱지가 더 많은 사람이 이겨요.
　붙임 딱지가 겹치는 칸은 각자 합치세요.

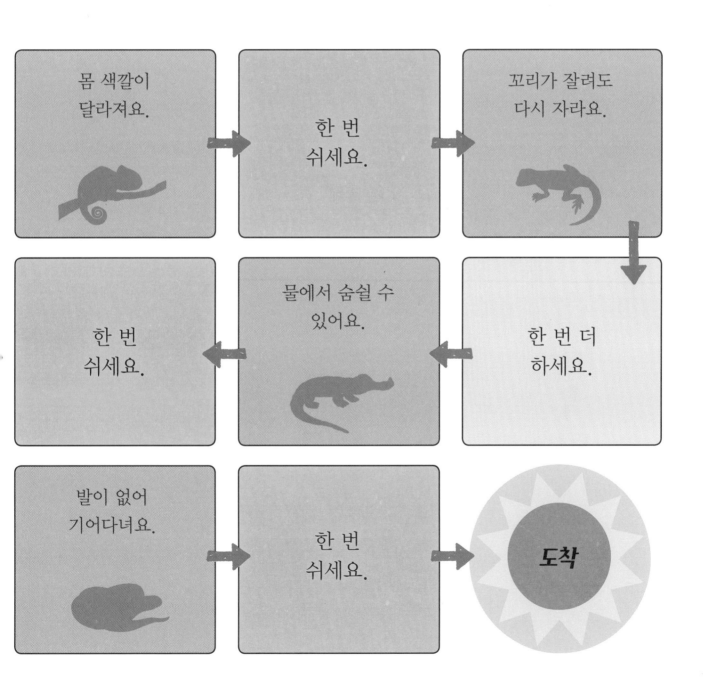

개구리와 올챙이

⭐ 개구리는 어떻게 자라나요? 그림을 순서대로 보고, 알맞은 글자 붙임 딱지를 붙이세요.

알

올챙이

개구리

개구리일까요, 올챙이일까요? 관찰씨의 말을 읽고, 알맞은 붙임 딱지를 붙이세요.

물과 땅을 오가는 동물

⭐ 물과 땅을 오가며 살아가는 양서류예요. 꼬리가 있는 양서류에 ●, 꼬리가 없는 양서류에 ● 붙임 딱지를 붙이세요.

개구리

나는 발에 물갈퀴가 있어 헤엄을 잘 쳐.

맹꽁이

다른 맹꽁이랑 서로 다른 소리로 울지.

발에 물갈퀴가 없이 깊게 패여 있어.

꽁꽁꽁

맹맹맹

두꺼비

난 온몸이 오돌토돌해.

콕콕콕

도롱뇽

내가 좀 달라 보이니? 나도 물속에 알을 낳고 땅 위에서 살아.

 양서류는 새끼 때는 물에 살면서 아가미로 호흡을 하고, 자라서는 물과 땅을 오가면서 살고 폐와 피부로 호흡을 합니다.

물에 떴다, 가라앉았다!

⭐ 물에 사는 어류는 물 위로 뜨고 가라앉는 방법이 잠수함과 같아요. 공기 주머니를 가득 채운 것과 뺀 것끼리 선으로 이으세요.

27

곤충은 어떻게 자라나?

⭐ 나비의 알이 애벌레, 번데기를 거치며 어른벌레로 자라요. 그림을 순서대로
보고, 알맞은 글자 붙임 딱지를 붙이세요.

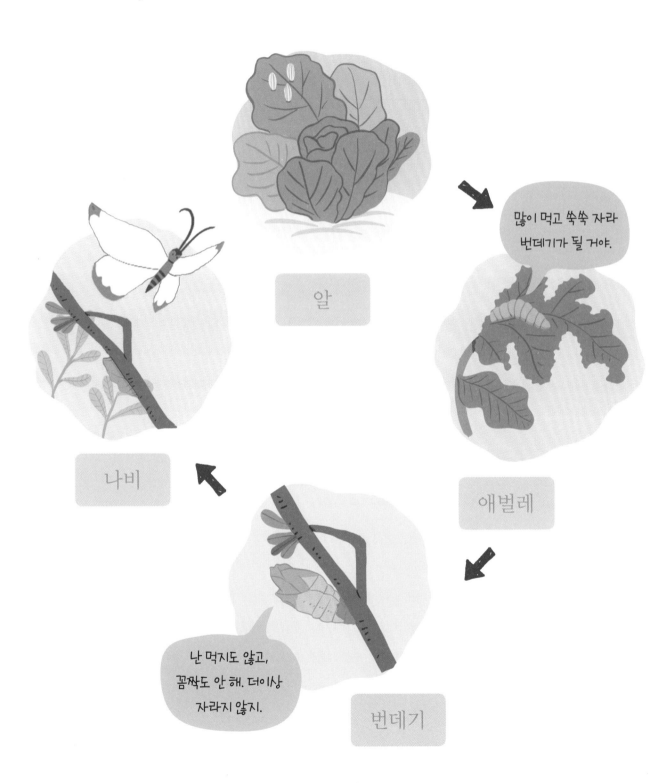

알

많이 먹고 쑥쑥 자라
번데기가 될 거야.

애벌레

나비

난 먹지도 않고,
꼼짝도 안 해. 더이상
자라지 않지.

번데기

무당벌레, 잠자리, 장수풍뎅이는 곤충이에요. 어른벌레로 자랄 때 번데기를
거치는 곤충 둘을 찾아 ○ 하세요.

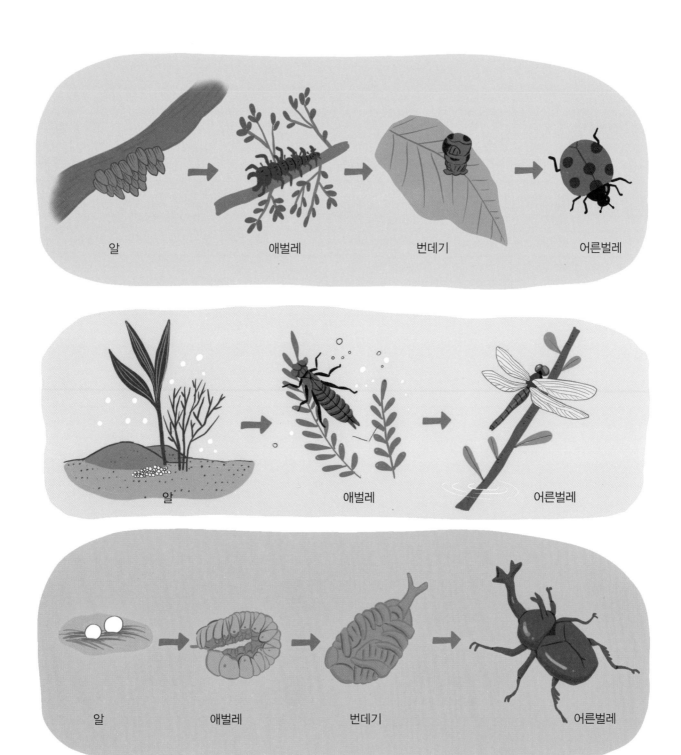

알　　　　　　애벌레　　　　　　번데기　　　　　어른벌레

알　　　　　　애벌레　　　　　　어른벌레

알　　　　　　애벌레　　　　　　번데기　　　　　어른벌레

동물 분류 놀이

⭐ 동물을 어떻게 나눌까요? 손놀이 꾸러미에 있는 동물 카드로 분류 놀이를 하세요.

 동물 카드가 필요해.

⭐ 포유류와 포유류가 아닌 동물로 나누세요.

포유류 카드를 모으세요.

포유류가 아닌 동물 카드를 모으세요.

 새끼를 낳아서 젖을 먹여 키우는 동물을 포유류라고 합니다. 포유류는 몸이 털로 덮여 있습니다.

포유류가 아닌 동물을 조류, 파충류, 양서류, 어류로 나누세요.

조류 카드를 모으세요.

파충류 카드를 모으세요.

양서류 카드를 모으세요.

어류 카드를 모으세요.

 몸의 온도가 늘 같은 동물과 몸의 온도가 바뀌는 동물로 나누세요.

몸의 온도가 늘 같은
동물 카드를 모으세요.
(포유류, 조류)

몸의 온도가 바뀌는
동물 카드를 모으세요.
(파충류, 양서류, 어류)

맞는 곳에 모였나?

 나무나 풀에 사는 곤충끼리, 물에 사는 곤충끼리 모였어요. 잘못 모인 동물에 ○ 하세요.

나무나 풀에 사는 곤충

매미

무당벌레

메뚜기

물자라

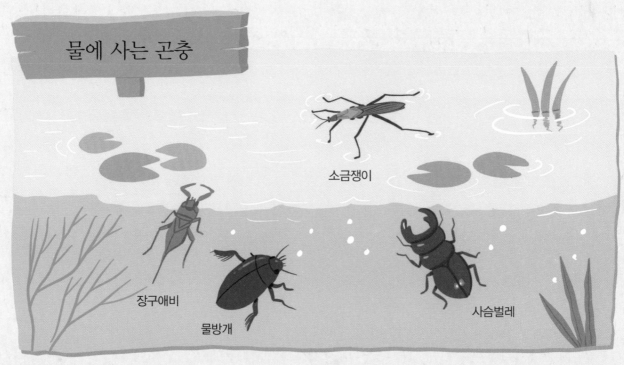

물에 사는 곤충

소금쟁이

장구애비

물방개

사슴벌레

자라는 모습이 비슷한 곤충끼리

⭐ 번데기를 거쳐 자라는 곤충과 거치지 않는 곤충으로 나누었어요. 붙임 딱지에
있는 곤충을 알맞은 곳에 붙이세요.

번데기를 거쳐 자라는 곤충

번데기를 거치지 않는 곤충

33

어떻게 나누었나?

⭐ 동물을 둘로 나누었어요. 어떻게 나누었나요? 알맞은 글자 붙임 딱지를 붙이세요.

등뼈가 있는 동물

까치

개구리

토끼

금붕어

악어

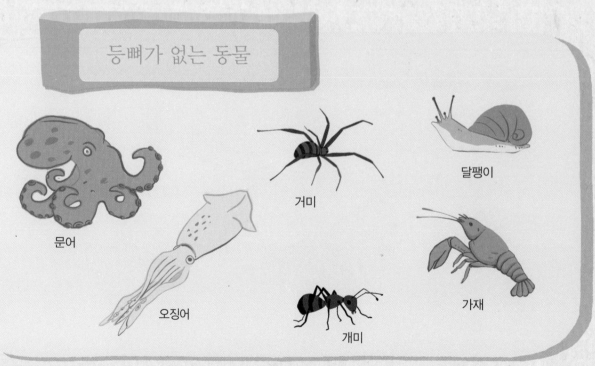

등뼈가 없는 동물

문어

거미

달팽이

오징어

개미

가재

⭐ 등뼈가 없는 동물에서 몸이 연한 동물과 딱딱한 껍질에 싸인 동물로 나누었어요.
붙임 딱지에 있는 동물을 알맞은 곳에 붙이세요.

몸이 연한 동물

《와이즈만 유아 과학사전》
38쪽을 찾아봐.

딱딱한 껍질에 싸인 동물

어떤 동물일까?

⭐ 뼈를 보고, 누구인지 찾아 길을 따라가세요.

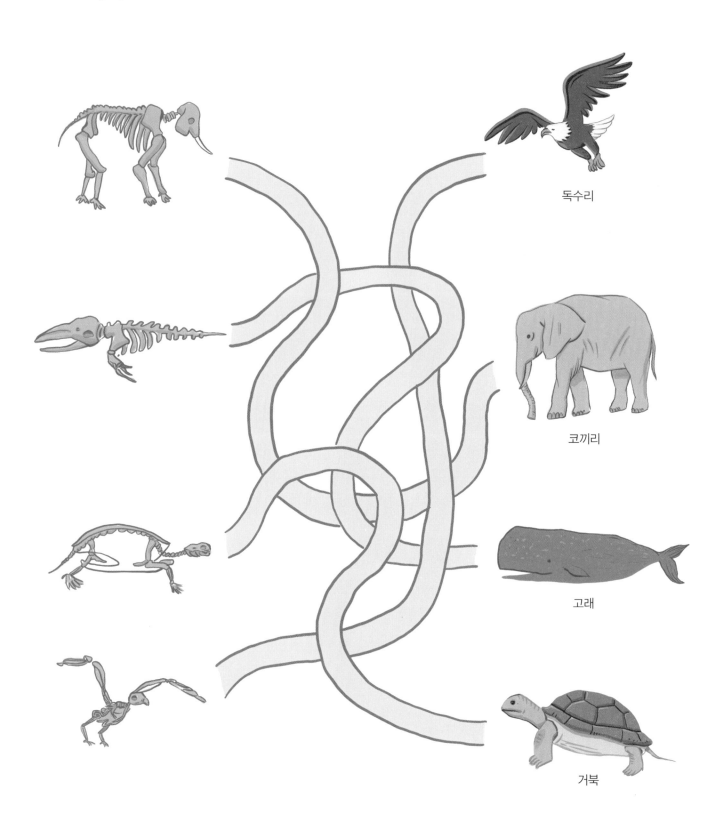

독수리

코끼리

고래

거북

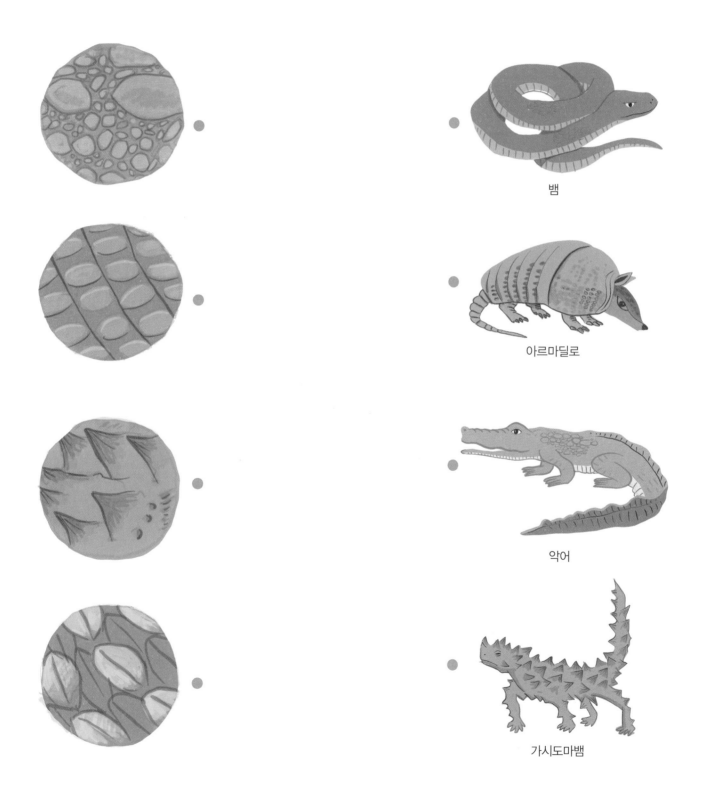

뱀

아르마딜로

악어

가시도마뱀

어떤 곤충일까?

⭐ 애벌레를 보고, 어른벌레를 찾아 선으로 이으세요.

무당벌레

배추흰나비

잠자리

번데기가 누구를 닮았나요? 어른벌레를 찾아 선으로 이으세요.

장수풍뎅이

사슴벌레

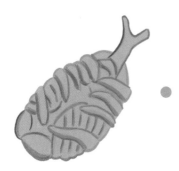

무당벌레

몸의 어디일까?

⭐ 추리군이 하는 말을 읽고, 알맞은 글자 붙임 딱지를 붙이세요.

꼬리로 어떤 일을 할까?

⭐ 팔 대신 꼬리로 매달리는 동물은 누구인지 찾아 ◯ 하세요.

적이 나타나면 어떻게 할까?

⭐ 동물마다 자신을 지키는 방법이 달라요. 그림을 살펴보고, 알맞은 글자 붙임 딱지를 붙이세요.

무슨 뜻일까?

⭐ 동물은 울음소리나 몸짓으로 말해요. 동물을 살펴보고, 알맞은 글을 찾아 선으로 이으세요.

짝꿍아, 나 여기 있어.

얘들아, 위험해!

저쪽에 꿀이 있어.

나, 엄청 화났어.

어떤 동물이 몸의 온도가 변할까?

⭐ 악어는 바깥 온도에 따라 몸이 뜨거워지거나 차가워져요. 악어와 같은 동물에
○ 하세요.

🐛 어류, 양서류, 파충류는 바깥 온도에 따라 체온이 변하고, 포유류, 조류는 바깥 온도에 관계없이 체온을 항상 일정하고
따뜻하게 유지합니다.

44

겨울잠을 자는 동물이에요. 추워지면 몸이 차가워지는 동물 셋을 찾아
○ 하세요.

45

진딧물을 어떻게 없앨까?

⭐ 진딧물이 잎을 시들게 해요. 진딧물을 없애려면 어떻게 할지 추리군의 말을
읽고, 알맞은 글에 ○ 하세요.

❶ 무당벌레와 함께 있게 해요.   ❷ 개미와 함께 있게 해요.

어떤 일이 생길까?

⭐ 만약 동물의 모습이 지금과 달라진다면 어떤 일이 생길지 생각해 보고, 글로 쓰세요.

① --

② --

③ --

● 나를 칭찬합니다. 나는 동물 공부를 매일 잘했습니다.

동물에 대해서 알게 된 점은

- -

- -

자신만만상

이름

위 어린이는   월   일부터   월   일까지

동물 학습을 거르지 않고 매일매일 잘 해냈기에

이 상장을 줍니다.

년   월   일

왕관 붙임 딱지를
붙이세요.

엄마 아빠

식물

 관찰 탐구
- 꽃의 생김새 자세히 보기
- 꽃에서 씨가 만들어지는 과정 살펴보기
- 다양한 씨와 열매의 생김새 비교하기

 분류 탐구
- 씨 퍼뜨리는 방법을 기준으로 씨 모으기
- 나무와 풀을 여러 가지 기준으로 나누기
- 꽃과 씨를 기준으로 식물 무리 짓기

 추리 · 예상 탐구
- 잎의 색깔에 대한 이야기 읽고, 원인 추론하기
- 식물의 속성이 이용된 음식이나 물건 찾아보기
- 식물과 관련된 일을 찾아 글로 써 보기

교과 연계 단원

봄 1학년 1학기 도란도란 봄 동산   여름 2학년 1학기 초록이의 여름 여행   가을 2학년 2학기 가을아 어디 있니
4학년 1학기 식물의 한살이   4학년 2학기 식물의 생활   6학년 1학기 식물의 구조와 기능

식물의 생김새

⭐ 나무와 풀은 식물이에요. 식물의 생김새를 살펴보고, 글자 붙임 딱지를 붙이세요.

꽃

잎

줄기

뿌리

식물도 우리랑 비슷하게 생겼니?

머리

팔

몸통

다리

식물의 뿌리, 줄기, 잎이 하는 일을 찾아 선으로 이으세요.

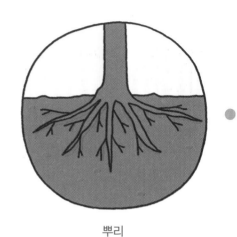

뿌리

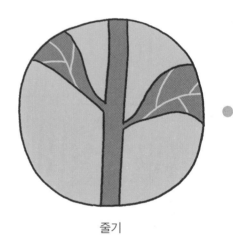

줄기

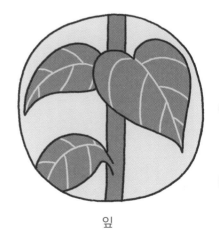

잎

물을 빨아들여요.

양분을 만들어요.

물과 양분이
지나가요.

사람은 양분을 얻으려면
음식물을 먹어야 해.

51

꽃의 생김새

⭐ 꽃을 가꾸어요. 관찰씨가 가리키는 꽃을 순서대로 따라가세요.

여기에 있는 꽃을 차례대로 찾아.

백합 → 코스모스 → 수선화 → 장미 → 튤립

꽃을 가까이에서 보았어요. 알맞은 글자 붙임 딱지를 붙이세요.

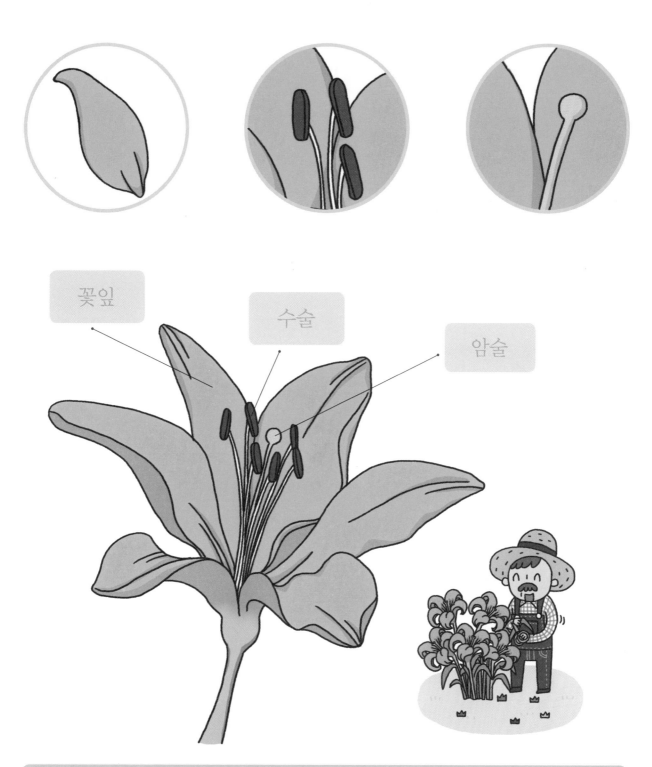

꽃잎

수술

암술

꽃은 식물의 씨를 만드는 기관입니다. 꽃잎, 꽃받침, 수술과 암술로 이루어져 있습니다.

꽃가루

★ 나비가 이 꽃, 저 꽃에 꽃가루를 옮겨요. 그림과 글을 선으로 이으세요.

나비 몸의 꽃가루가
다른 꽃에 닿아요.

수술에서 꽃가루를
만들어요.

나비 몸에 꽃가루가
묻어요.

꽃가루가 어떻게 옮겨지는지 사다리를 타고 내려가세요.

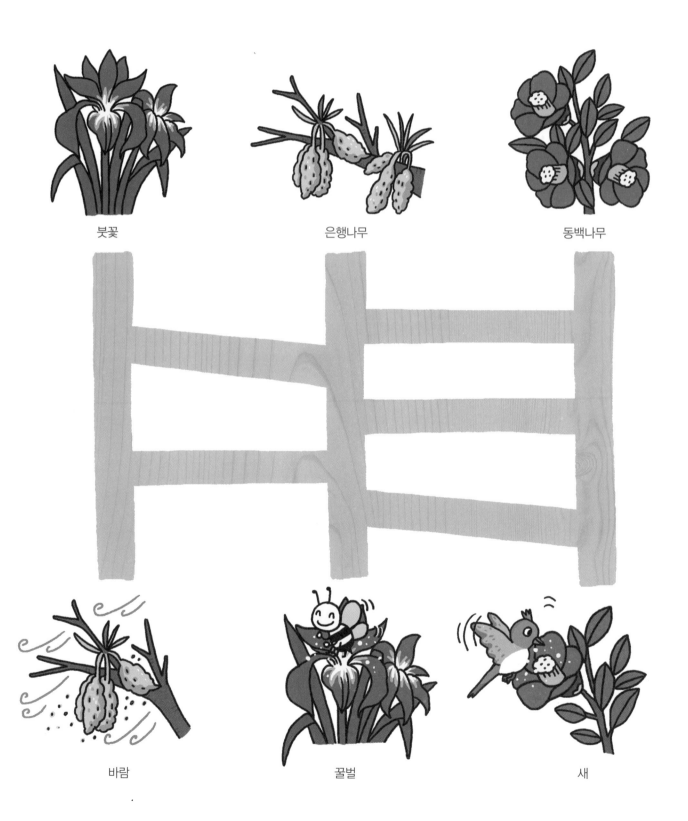

붓꽃　　　　　　　　　은행나무　　　　　　　　동백나무

바람　　　　　　　　　꿀벌　　　　　　　　　　새

씨와 열매

⭐ 사과꽃에서 씨와 열매는 어떻게 생길까요? 이야기를 순서대로 읽고, 알맞은 글자 붙임 딱지를 붙이세요

꽃가루

❶ 꽃가루가 암술에 닿아요.

밑씨

❷ 꽃가루와 밑씨가 만나요.

꽃은 시들어 떨어져.

❸ 씨와 열매로 자라요.

열매

씨

❹ 다 자란 사과의 씨와 열매예요.

⭐ 소나무와 감나무의 열매예요. 열매가 씨를 감싼 식물에 ●, 씨가 겉으로 드러나 있는 식물에 ● 붙임 딱지를 붙이세요.

식물은 어떻게 자라나?

⭐ 강낭콩씨는 어떻게 자라나요? 그림을 순서대로 보고, 알맞은 글자 붙임 딱지를 붙이세요.

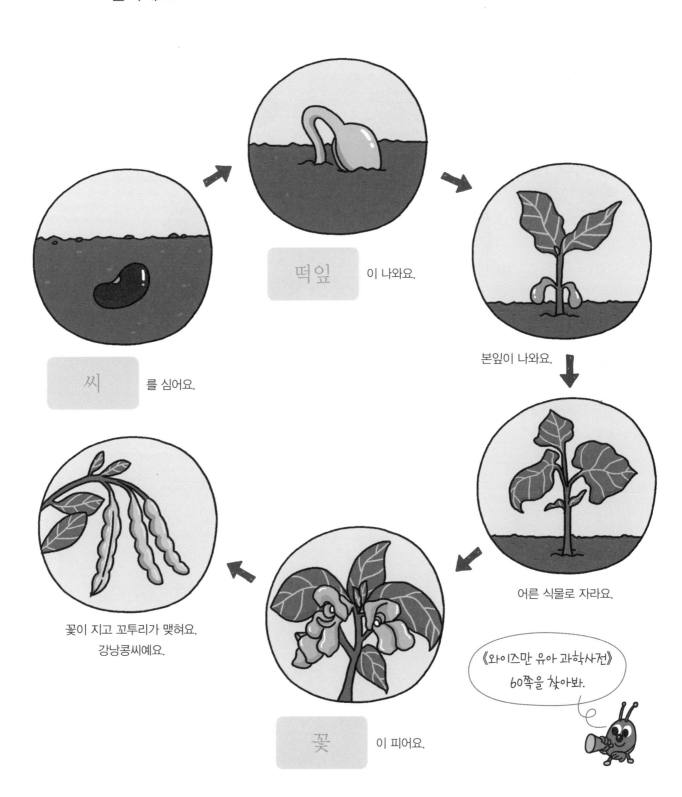

씨 를 심어요.

떠잎 이 나와요.

본잎이 나와요.

어른 식물로 자라요.

꽃이 지고 꼬투리가 맺혀요.
강낭콩씨예요.

꽃 이 피어요.

《와이즈만 유아 과학사전》
60쪽을 찾아봐.

과일과 채소의 열매와 씨예요. 열매 속에 들어 있는 씨를 찾아 길을 따라가세요.

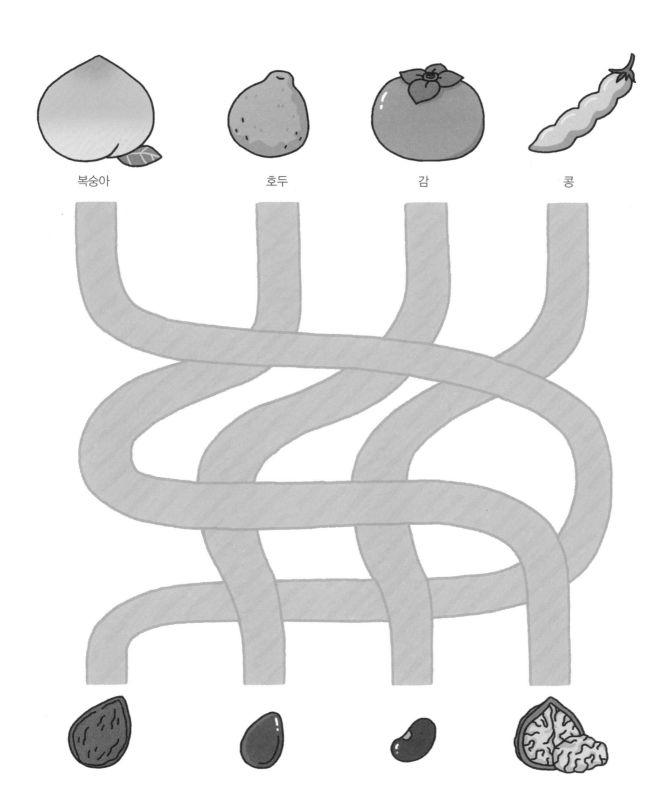

복숭아   호두   감   콩

씨 수수께끼

⭐ 어떤 식물의 씨일까요? 식물의 씨를 찾아 선으로 이으세요.

내 씨는 통통해. 달걀 모양과 닮았어.

내 씨는 납작해. 노란 빛깔이야.

내 씨는 길쭉해. 검은 빛깔이야.

은행나무 ● 　　　 호박 ● 　　　 해바라기 ●

● 　　　 ● 　　　 ●

식물이 씨를 퍼뜨려요. 어떻게 퍼뜨리는지 찾아 선으로 이으세요.

민들레

봉숭아

도깨비바늘

씨와 열매를 어떻게 나누었나?

⭐ 씨 퍼뜨리기로 나누었어요. 붙임 딱지에 있는 식물을 알맞은 곳에 붙이세요.

바람에 날아가는 씨

어른 식물이 씨를
잘 자라게 하려고
다른 곳으로 보내는 게
씨 퍼뜨리기예요.

스스로 터지는 씨

동물 몸에 붙어 퍼지는 씨

씨의 개수로 나누었어요. 붙임 딱지에 있는 열매를 알맞은 곳에 붙이세요.

씨가 한 개인 열매

씨가 여러 개인 열매

식물 분류 놀이

⭐ 식물을 어떻게 나눌까요? 손놀이 꾸러미에 있는 식물 카드로 분류
놀이를 하세요.

식물 카드가
필요해.

⭐ 나무와 풀로 나누세요.

나무 카드를 모으세요.

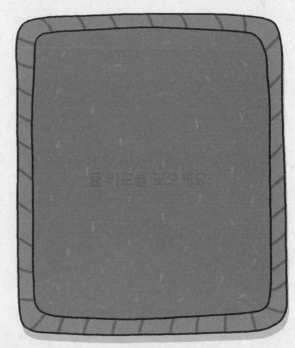

풀 카드를 모으세요

여러 해를 사는 식물과 한 해를 사는 식물로 나누세요.

여러 해를 사는 식물 카드를 모으세요.

《와이즈만 유아 과학사전》
61쪽을 찾아봐.

한 해를 사는 식물 카드를 모으세요.

어떻게 나누었나?

⭐ 식물을 둘로 나누었어요. 어떻게 나누었는지 알맞은 글자 붙임 딱지를
붙이세요.

꽃이 피는 식물

소나무

민들레

벼

봉숭아

장미

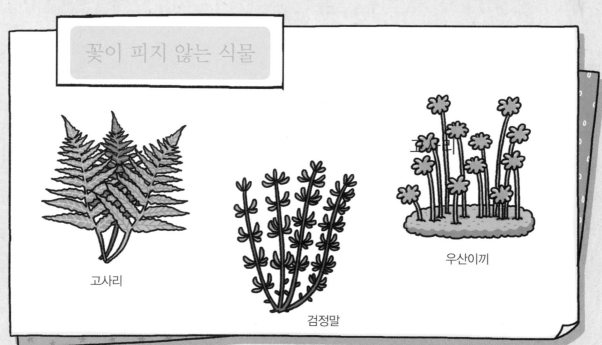

꽃이 피지 않는 식물

고사리

검정말

우산이끼

⭐ 씨가 겉으로 드러난 식물끼리, 열매가 씨를 감싼 식물끼리 모았어요. 잘못 모은
식물에 ○ 하세요.

왜 흙에 물을 줄까?

⭐ 식물에 물을 줄 때 흙에 주어요. 왜 그럴까요? 추리군의 말을 읽고, 알맞은 글에 ◯ 하세요.

잎

물을 밖으로 내보내.

뿌리에 있는 물을 밀어 올려.

《와이즈만 유아 과학사전》 48쪽을 찾아봐.

줄기

흙 속에 있는 물을 빨아들이고, 잎으로 밀어 올려 줘.

뿌리

① 뿌리가 흙에 있는 물을 빨아들여서

② 뿌리가 흙으로 물을 내보내서

왜 잎의 색깔이 바뀔까?

⭐ 가을이 되면 잎이 왜 빨갛게 보일까요? 이야기를 읽고, 알맞은 그림에 ○ 하세요.

🧠 녹색을 띠는 엽록소는 양분을 만듭니다. 추워지면 양분을 더 만들 수 없게 되어 엽록소가 파괴되면서 노랑이나 빨강 같은
색소들이 드러나게 됩니다.

무엇을 만들었나?

⭐ 잎이나 열매로 먹을 것을 만들어요. 무엇을 만들었는지 선으로 이으세요.

차나무

카카오나무

옥수수

밀

무엇을 보고 만들었을까?

⭐ 식물을 본떠 만든 물건이에요. 신발에 달린 깔깔한 것은 무엇을 본떠 만들었는지
식물에 ○ 하세요.

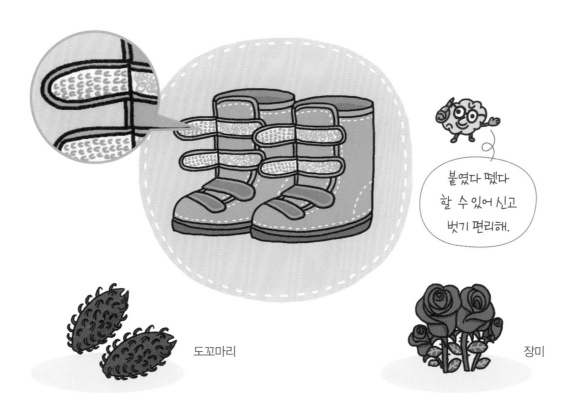

도꼬마리

장미

어느 꽃으로 갈까?

⭐ 곤충은 냄새로 꽃을 찾아요. 곤충이 찾아갈 꽃 2가지를 찾아 ○ 하세요.

밤에도 꽃이 필까?

⭐ 낮과 밤에 피는 꽃이에요. 낮에 피는 꽃에 벌, 밤에 피는 꽃에 나방 붙임 딱지를 붙이세요.

왜 싹이 안 텄지?

⭐ 냉장고에 두었던 씨는 싹이 트지 않았어요. 왜 그럴까요? 알맞은 글에
○ 하세요.

1 씨를 따뜻한 곳에 두어서

2 씨를 차가운 곳에 두어서

3 씨가 부족해서

4 벌레가 먹어서

나라면 어떤 일을 할까?

⭐ 나무를 가꾸고, 꽃꽂이를 하고, 식물을 연구하는 일을 하는 사람들이에요.
나라면 식물과 관련된 어떤 일을 하고 싶은지 생각해 보고, 글로 쓰세요.

① --

② --

③ --

● 나를 칭찬합니다. 나는 식물 공부를 매일 잘했습니다.

식물에 대해서 알게 된 점은

- -

- -

실력쑥쑥상

이름

- - - - - - - - - - - - - -

위 어린이는   월   일부터   월   일까지

식물 학습을 거르지 않고 매일매일 잘 해냈기에

이 상장을 줍니다.

년   월   일

왕관 붙임 딱지를
붙이세요.

엄마 아빠

생태계

관찰 탐구
- 먹이에 따라 동물의 관계 알아보기
- 숲 살펴보기

분류 탐구
- 두 무리로 나눈 기준을 보고, 생물의 속성 찾아보기
- 숲과 연못의 공통점과 차이점 찾아보기

추리 · 예상 탐구
- 세균, 곰팡이 같은 미생물과 관계있는 일 찾기
- 미생물이 없으면 일어나게 될 일 글로 써 보기

동물은 무엇을 먹고 사나?

 토끼나 다람쥐 같은 초식 동물은 무엇을 먹나요? 3가지를 찾아 ○ 하세요.

 호랑이나 매 같은 육식 동물은 무엇을 먹나요? 3가지를 찾아 ○ 하세요.

⭐ 먹히는 동물과 먹는 동물을 찾아 순서대로 꿀꺽 인형을 늘어놓아 보세요.
쥐와 매 중에서 먹는 쪽에 ○ 하세요.

풀을 쥐가 먹고, 쥐를 뱀이 먹고, 뱀을 매가 먹어요.

먹고 먹혀요!

⭐ 풀, 메뚜기, 개구리는 각각 누구에게 먹히나요? 붙임 딱지에 있는 먹이를 알맞은 곳에 붙이세요.

누구에게 먹히는지 화살표가 가리키는 동물을 찾아보세요. 다람쥐를 먹는
동물 둘을 찾아 ◯ 하세요.

생물과 생물 사이에 먹고 먹히는 관계를 연결한 것을 먹이 사슬이라고 합니다. 먹이 사슬은 그물처럼 복잡하게 얽혀
있습니다.

숲 생태계

⭐ 동물, 식물, 버섯, 세균이 살아가는 숲이에요. 흙 속에서 일어나는 일을 살펴보고,
알맞은 글에 ◯ 하세요.

① 죽은 동물이 썩고 있어요.

② 버섯에서 뿌리가 자라고 있어요.

③ 버섯에 꽃이 피었어요.

서로 영향을 주고받으며 살아가는 숲 생태계예요. 그림을 색칠하여 생태계를 완성하세요.

어떻게 나누었나?

⭐ 생물인 것과 아닌 것으로 나누었어요. 알맞은 글자 붙임 딱지를 붙이세요.

생물인 것

생물이 아닌 것

양분을 얻는 방법이 같은 생물끼리 모았어요. 잘못 모은 생물에 ◯ 하세요.

스스로 양분을
만드는 생물

다른 생물에서
양분을 얻는 생물

숲일까, 연못일까?

⭐ 생물이 살아가는 환경을 둘로 나누었어요. 알맞은 글자 붙임 딱지를 붙이세요.

숲 생태계

연못 생태계

같은 일을 하는 세균끼리

⭐ 사람에게 어떤 일을 하는지에 따라 세균을 나누었어요. 붙임 딱지에 있는 세균을
알맞은 곳에 붙이세요.

버섯이 식물일까?

⭐ 식물은 잎과 뿌리가 있어 스스로 양분을 만들어요. 버섯은 어떨까요? 그림을 보고, 알맞은 글에 ○ 하세요.

❶ 버섯은 식물이에요.   ❷ 버섯은 식물이 아니에요.

미생물이 무엇을 하지?

⭐ 밀가루 반죽, 손, 식빵에 미생물이 어떻게 했는지 찾아 선으로 이으세요.

효모　　　　　　　　　세균　　　　　　　　　곰팡이

밀가루 반죽이 부풀어요.

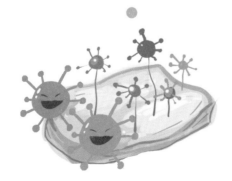

식빵이 상해요.

손이 더러워져요.

 # 어떻게 알지?

⭐ 미생물은 보이지 않지만 우리 주변에 늘 함께 있어요. 어떻게 알 수 있는지 그림을 보고, 글로 쓰세요.

1 --

2 --

3 --

미생물이 없다면?

⭐ 만약 세균이나 곰팡이, 효모, 바이러스 같은 미생물이 없다면 어떤 일이 생길지 생각해 보고, 글로 쓰세요.

1 --

2 --

3 --

● 나를 칭찬합니다. 나는 생태계 공부를 매일 잘했습니다.

생태계에 대해서 알게 된 점은

- -

- -

생각으뜸상

이름

- - - - - - - - - - -

위 어린이는   월   일부터   월   일까지

생태계 학습을 거르지 않고 매일매일 잘 해냈기에

이 상장을 줍니다.

년   월   일

왕관 붙임 딱지를
붙이세요.

엄마 아빠

우리 몸

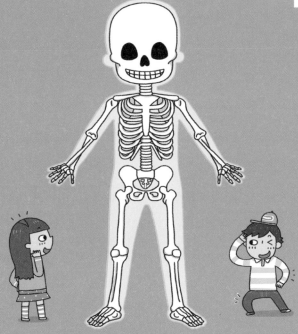

관찰 탐구

- 그리기와 창의적인 꾸미기로 몸 살펴보기
- 빨대와 비닐봉지 실험을 통해 호흡 원리 들여다보기
- 뇌와 신경, 호흡, 소화, 배설이 이루어지는 과정 살펴보기

분류 탐구

- 음식을 나누어 보고, 영양소가 하는 일 알아보기
- 같은 일을 하는 몸끼리 모으기
- 기준에 따라 관계있는 것끼리 모으기

추리 · 예상 탐구

- 씹는 과정을 실험해 보고 결과 예상하기
- 상처나 똥에 대해 알고, 근거를 찾아 판단하기
- 가족끼리 닮은 생김새에 대해 글로 써 보기

교과 연계 단원

봄 2학년 1학기 알쏭달쏭 나 6학년 2학기 우리 몸의 구조와 기능

몸의 생김새

⭐ 나의 몸은 어떻게 생겼나요? 몸의 생김새를 살펴보고, 그리세요.

머리, 몸통, 팔,
다리를 그려.

⭐ 어떤 얼굴을 만들까요? 붙임 딱지에 있는 눈, 코, 입, 귀로 꾸미세요.

다르게 생긴 모습으로
꾸며 봐.

뼈의 생김새

★ 뼈의 생김새를 살펴보고, 글자 붙임 딱지를 붙이세요.

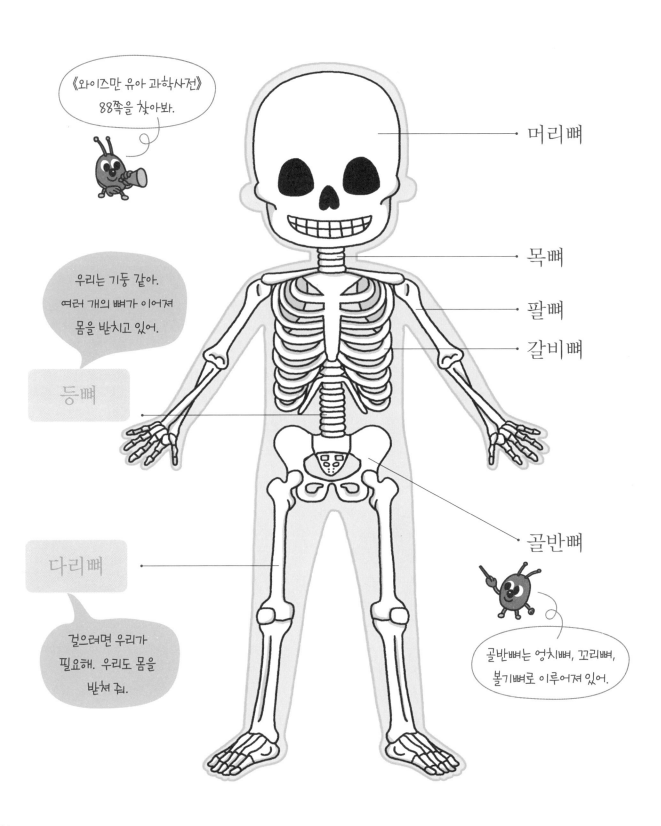

⭐ 어깨를 빙 돌리거나 무릎과 팔을 굽힌 모습이에요. 알맞은 뼈를 찾아 선으로 이으세요.

뇌가 알고 명령해

⭐ 우리가 보고, 듣는 것은 뇌로 전달되어요. 친구의 뇌가 무엇을 알았는지 선으로 이으세요.

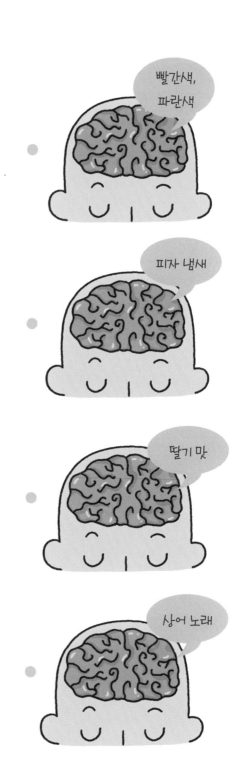

★ 뇌는 무엇을 해야 하는지 몸에게 명령해요. 이야기를 읽고, 뇌가 내린 명령에 알맞은 붙임 딱지를 붙이세요.

몸아, 움직여!

⭐ 뇌가 내린 명령을 신경이 몸으로 전달해요. 뇌가 알아차린 일과 뇌가 내린
명령을 선으로 이으세요.

몸속 생김새

⭐ 가슴과 배 안은 어떻게 생겼나요? 알맞은 것끼리 선으로 이으세요.

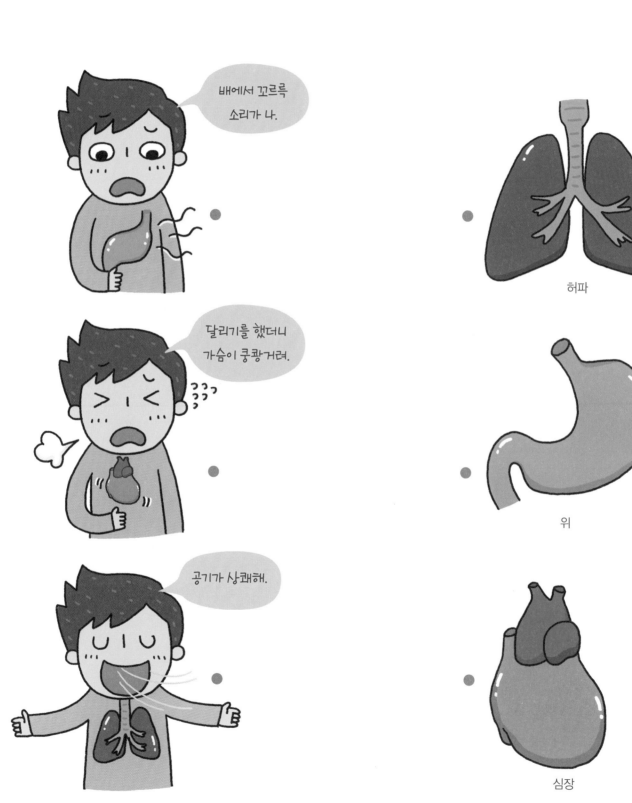

숨을 들이마시고, 내쉬어!

⭐ 비닐봉지에 빨대를 끼워 불어 보세요. 팽팽하게 부푼 것에 ●,
쪼그라진 것에 ● 붙임 딱지를 붙이세요.

⭐ 비닐봉지처럼 공기가 드나드는 곳이 허파예요. 숨을 쉬어 보고, 허파에 공기가 들어갔을 때와 빠졌을 때를 찾아 선으로 이으세요.

숨을 내쉬어요.

숨을 들이마셔요.

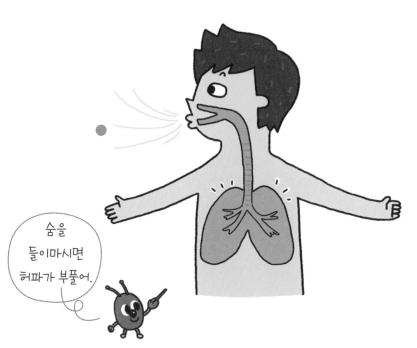

빵은 어떻게 되나?

⭐ 빵이 똥으로 나오기까지의 모습이에요. 빵이 바뀌는 대로 따라가세요.

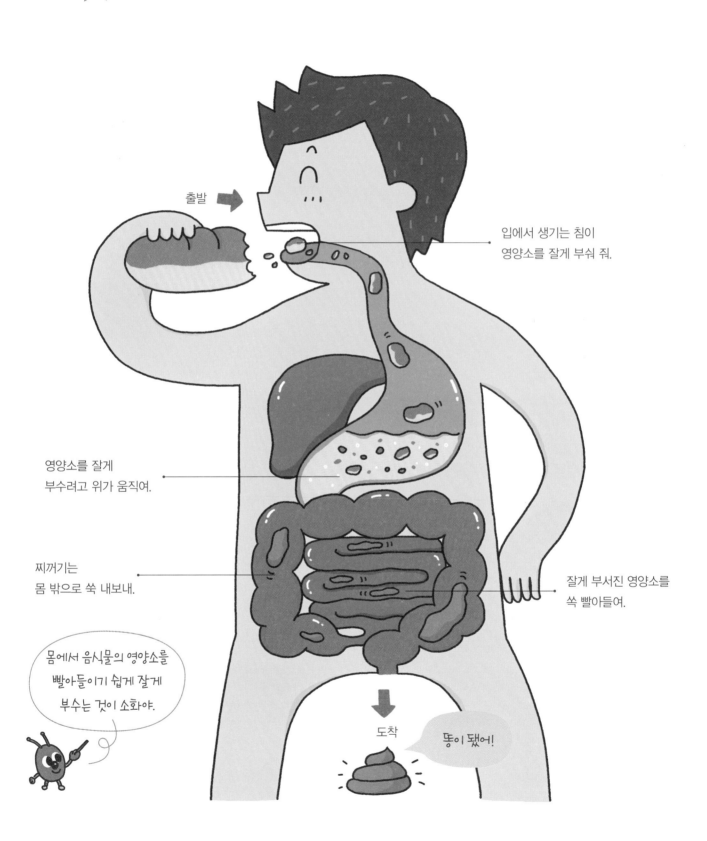

출발 ➡

입에서 생기는 침이
영양소를 잘게 부숴 줘.

영양소를 잘게
부수려고 위가 움직여.

찌꺼기는
몸 밖으로 쑥 내보내.

잘게 부서진 영양소를
쏙 빨아들여.

몸에서 음식물의 영양소를
빨아들이기 쉽게 잘게
부수는 것이 소화야.

도착

똥이 됐어!

빵을 먹었을 때 몸에서 하는 일을 찾아 선으로 이으세요.

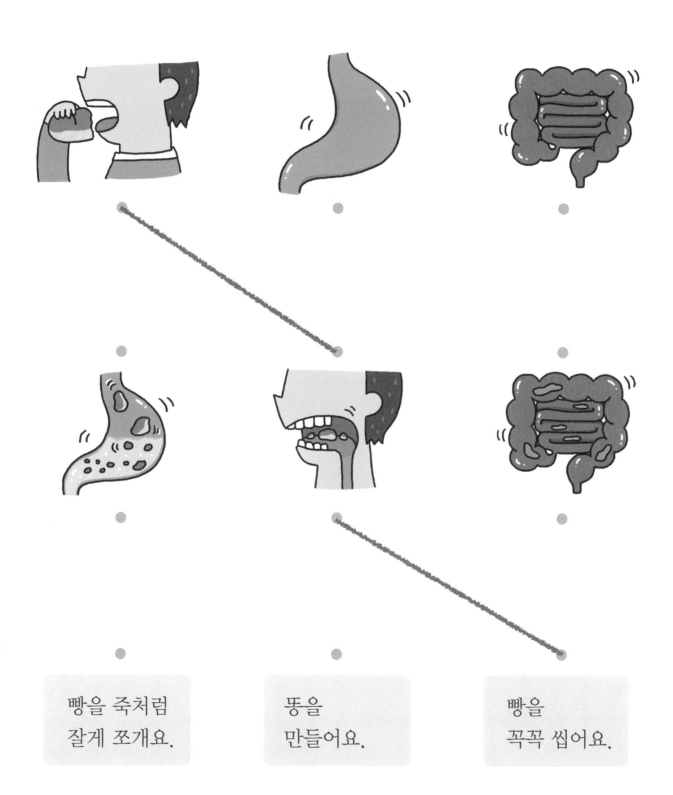

빵을 죽처럼
잘게 쪼개요.

똥을
만들어요.

빵을
꼭꼭 씹어요.

 # 피가 하는 일

⭐ 피는 적혈구,백혈구, 혈소판, 혈장으로 이루어져 있어요. 피를 따라가 도착한
곳에 알맞은 붙임 딱지를 붙이세요.

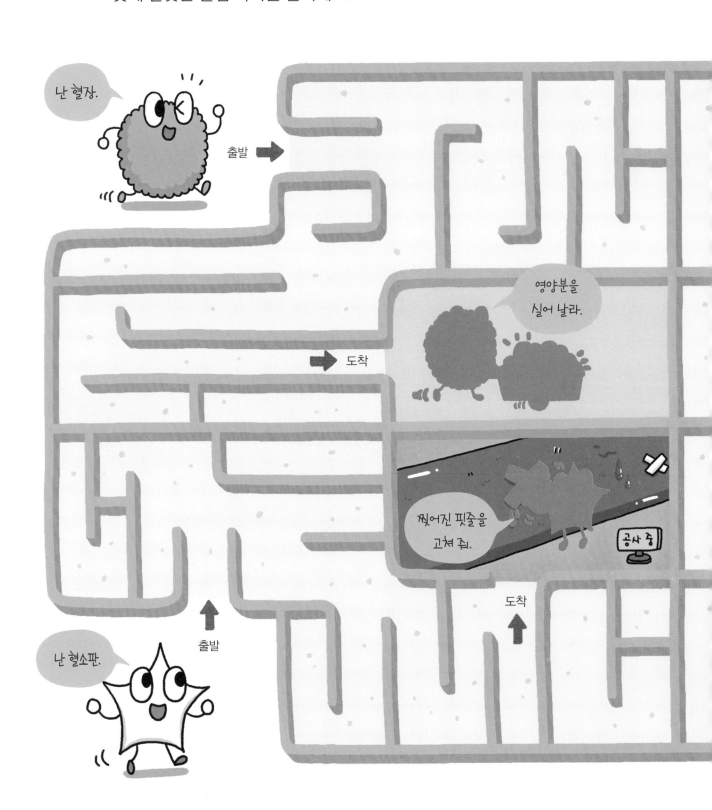

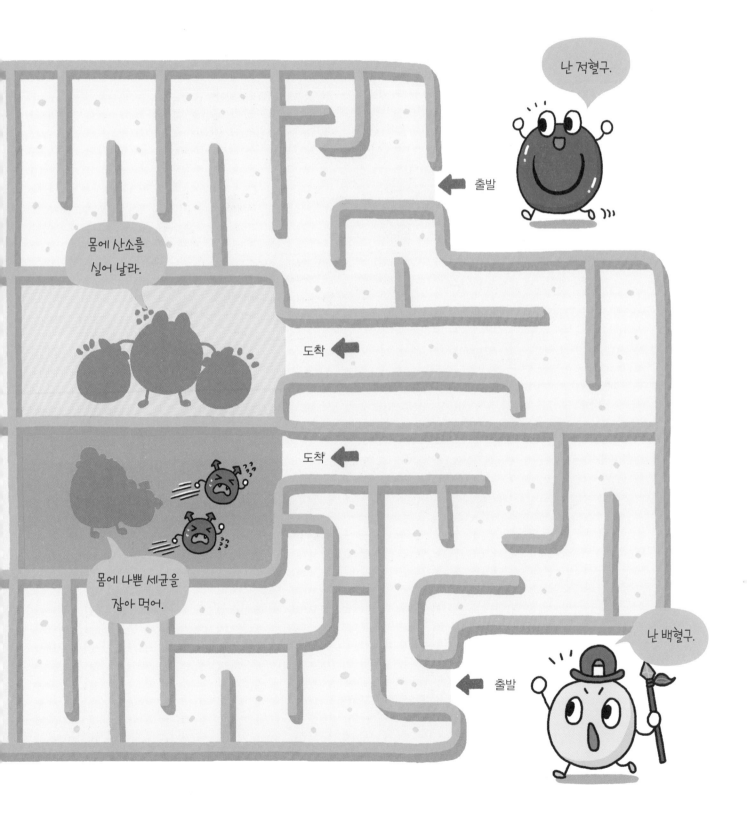

오줌

⭐ 오줌을 만들어 내보내는 곳은 어떻게 생겼나요? 관찰씨가 가리키는 그림을 보고, 붙임 딱지에 있는 물건으로 꾸미세요.

⭐ 강낭콩처럼 생긴 곳에서 오줌이 만들어져요. 알맞은 그림에 ◯ 하세요.

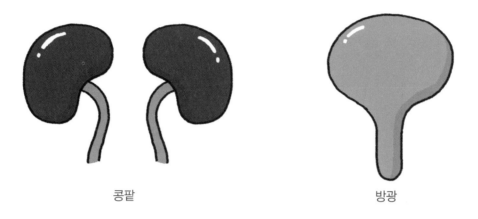

콩팥   방광

⭐ 깔때기처럼 생긴 곳에 오줌을 모아 내보내요. 그림에서 찾아 ◯ 하세요.

 콩팥과 방광은 몸속에 생긴 여러 가지 노폐물을 몸 밖으로 내보내는 배설 기관입니다.

영양소가 같은 음식끼리

⭐ 같은 일을 하는 음식끼리 모았어요. 붙임 딱지에 있는 음식을 알맞은 곳에
붙이세요.

힘이 나게 해 주는 음식

비타민이 들어 있는 음식

근육을 만드는 음식

에너지를 많이 주는 음식

호흡하는 곳, 소화하는 곳

★ 숨쉬는 일을 하는 몸끼리, 음식을 소화하는 몸끼리 각각 같은 색으로 색칠하세요.

소화하는 일을 하는 몸

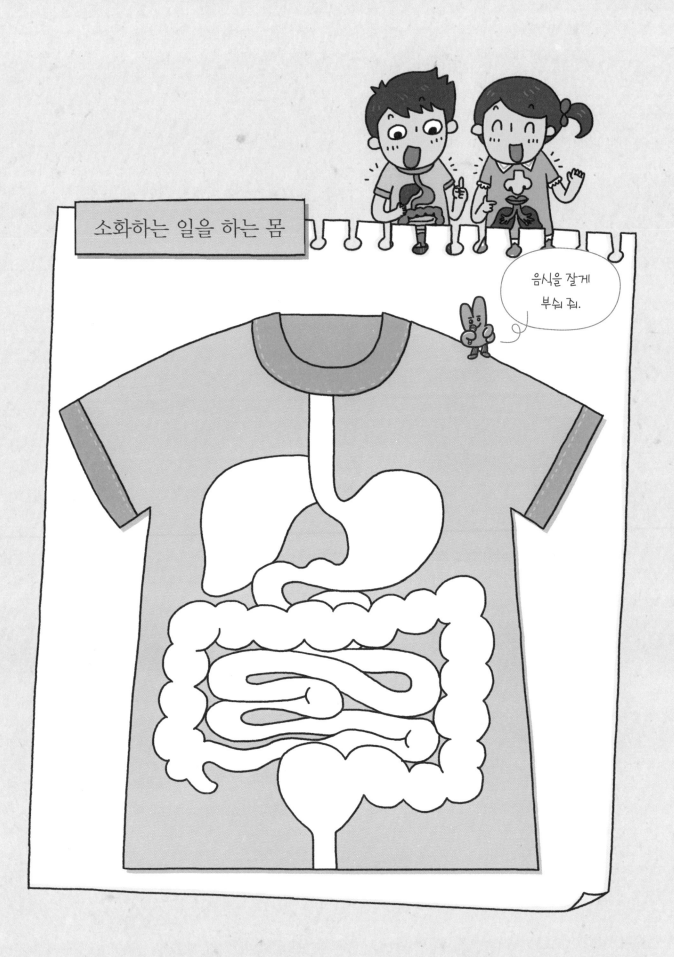

어떻게 나누었나?

⭐ 뇌의 명령에 따라 일을 나누었어요. 어떻게 나누었는지 알맞은 글자 붙임
딱지를 붙이세요.

관계있는 것끼리

⭐ 피부와 관계있는 것과 허파와 관계있는 것으로 나누었어요. 붙임 딱지에 있는 물건을 알맞은 곳에 붙이세요.

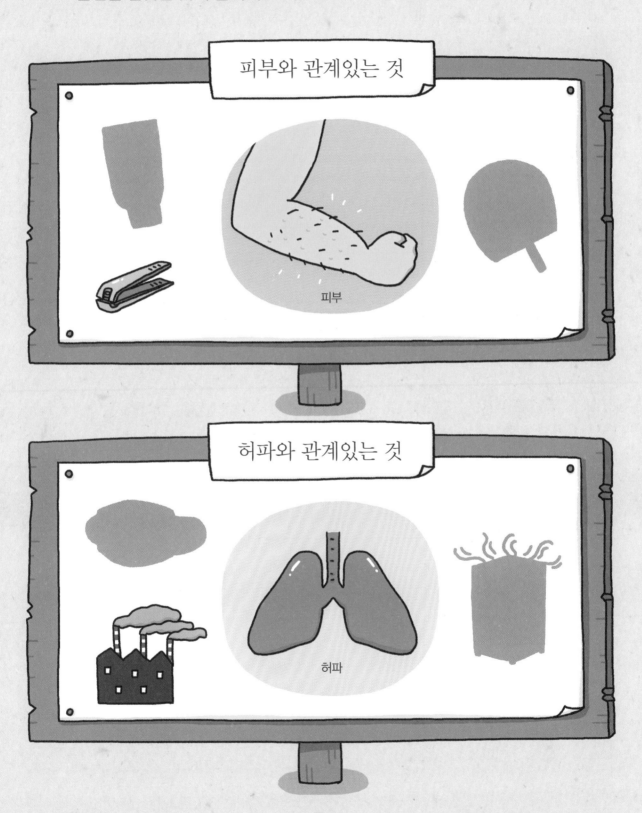

피부와 관계있는 것

피부

허파와 관계있는 것

허파

내 거야, 내 거야 게임

⭐ 몸속 어디일까요? 주사위를 던져 나온 몸과 관계있는 그림을 붙임 딱지에서
찾아 게임 판에 붙이세요.

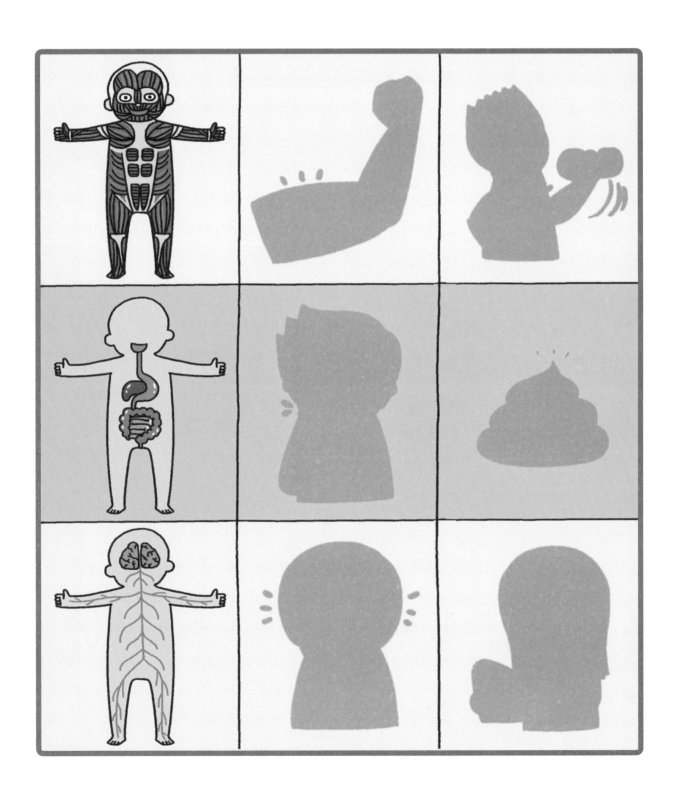

게임 방법

① 자신의 게임 판을 정하세요.

② 순서대로 주사위를 던져 빈 곳에 붙임 딱지를 붙이세요.
   주사위에 나온 몸이 자신의 게임 판에 없으면
   붙임 딱지를 붙일 수 없어요.

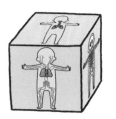

손놀이 꾸러미에 있는
주사위를 준비해.

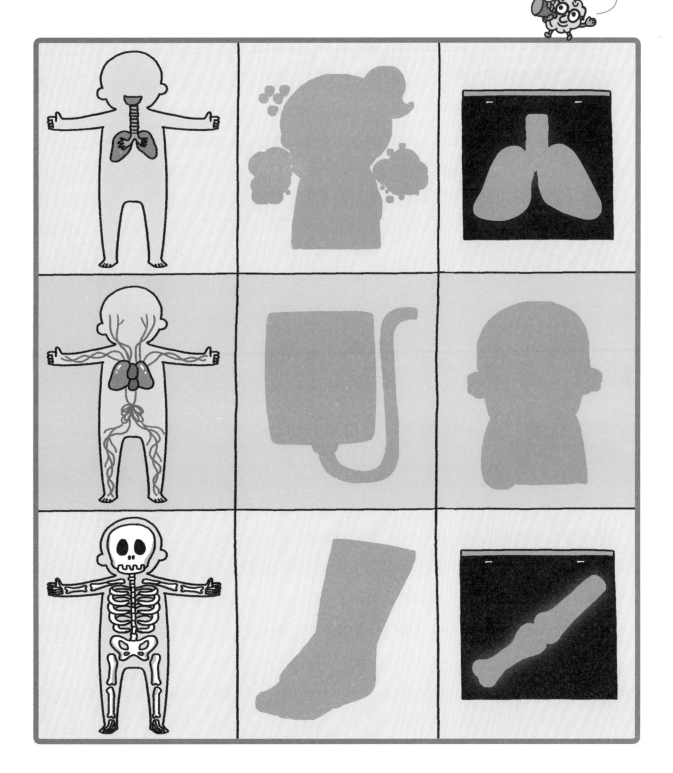

몸속 어디에 있을까?

⭐ 생김새를 보고, 어디에 있는지 찾아 선으로 이으세요.

뇌

위

콩팥

방광

허파

몸 밖으로 어떻게 내보낼까?

⭐ 몸에서 필요 없는 것을 몸 밖으로 내보내요. 관계있는 것을 찾아 선으로 이으세요.

왜 꼭꼭 씹어 먹을까?

⭐ 밥 한 숟가락을 30번 씹어 보세요. 어떤 일이 생기는지 알맞은 글에 ○ 하세요.

침이 소화를
도와줘.

① 침이 많아지고, 밥알이 흐물거려요.

② 침이 적어지고, 밥알이 단단해져요.

음식을 먹으면 똥이 나와요. 똥이 무엇인지 알맞은 글에 ○ 하세요.

음식물을 소화하지
않고 남은 거야.

❶ 찌꺼기예요.

❷ 영양분이에요.

근육은 어떤 일을 할까?

⭐ 몸을 움직일 때는 근육을 써요. 근육이 하는 일 3가지를 찾아 ◯ 하세요.

상처 딱지를 뜯어도 될까?

⭐ 상처에 딱지가 생겼어요. 어떻게 해야 할까요? 이야기를 읽고, 잘한 친구에
○ 하세요.

무슨 소리인지 어떻게 알까?

⭐ 귀로 듣고 무슨 소리인지 어떻게 알까요? 그림에 알맞은 순서를 쓰세요.

왜 얼굴이 빨개질까?

⭐ 코와 입을 막으면 왜 얼굴이 빨개지는지 알맞은 글에 ○ 하세요.

❶ 숨을 쉴 수 없어서

❷ 숨을 많이 쉬어서

❸ 냄새가 나서

❹ 간지러워서

왜 엄마 아빠를 닮을까?

⭐ 아기가 태어나 엄마와 이어진 탯줄이 떨어지면서 생기는 것이 배꼽이에요.
내 배꼽을 찾아보고, 어떻게 생겼는지 글로 쓰세요.

1

2

3

⭐ 엄마 아빠의 특징이 자식에게 전해져요. 그림을 보고, 나는 엄마 아빠 중에
   누구와 무엇이 닮았는지 글로 쓰세요.

- -

- -

- -

● 나를 칭찬합니다. 나는 우리 몸 공부를 매일 잘했습니다.

우리 몸에 대해서 알게 된 점은

탐구왕상

이름
- - - - - - - - - - - - - -

위 어린이는   월   일부터   월   일까지

우리 몸 학습을 거르지 않고 매일매일 잘 해냈기에

이 상장을 줍니다.

년   월   일

왕관 붙임 딱지를
붙이세요.

엄마 아빠

학부모와 함께보는
쉬운 해설집

즐깨감 과학탐구 2

동물 • 식물 • 생태계 • 우리 몸

와이즈만 BOOKs

동물 해답과 도움말

이런 내용을 배웠어요.

관찰 탐구

- 만들기를 통해 이빨의 특징 살펴보기
- 닭, 개구리, 나비의 자라는 과정 살펴보기
- 비슷한 동물끼리 생김새 비교하기

분류 탐구

- 포유류, 조류, 파충류, 양서류, 어류로 구분지어 공통점과 차이점 알아보기
- 자라는 과정을 기준으로 곤충 나누어 보기

추리 · 예상 탐구

- 뼈나 피부의 특징을 보고 동물 유추하기
- 생김새를 근거로 하여 곤충의 애벌레나 번데기 찾기
- '만약 물고기에 날개가 있다면?' 글로 써보기

16~17쪽

16쪽 육식 동물과 초식 동물의 차이점을 알아봅니다. 뾰족하고 날카로운 사자 이빨과 넓적한 말 이빨 모양을 비교해 봅니다. 종이컵의 입이 닿는 부분을 이빨 모양대로 오립니다. 잇몸에 끼우고 "으르렁!", "히 힝!" 소리 내어 봅니다.

17쪽 동물의 어미와 새끼에 대해 알아봅니다. 올챙이, 애벌레는 모습이 바뀌면서 어른으로 자랍니다. 동물의 생태 특징을 알기 전에 겉모습으로 먼저 비교해 봅니다.

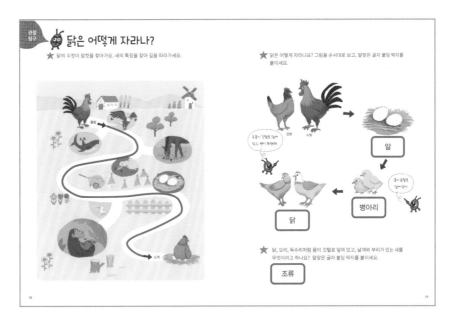

'조류'라는 개념어를 알아봅니다. 비슷한 특징을 지닌 동물끼리 모아 그 특징을 살펴봅니다.

18쪽　조류의 특징을 찾아봅니다. 새는 몸이 가볍고 날개가 있어 하늘을 날 수 있고, 입과 손 대신 부리로 먹습니다. 새끼 대신 알을 낳습니다.

19쪽　닭의 한살이를 통해 조류가 자라는 과정을 알아봅니다. 알→병아리→닭으로 자라는 과정을 '닭의 한살이'라고 합니다. 병아리는 부드러운 털로 덮여 있습니다. 조금 더 자란 어린 닭이나, 다 자란 어른 닭이나 모습이 닮았습니다.

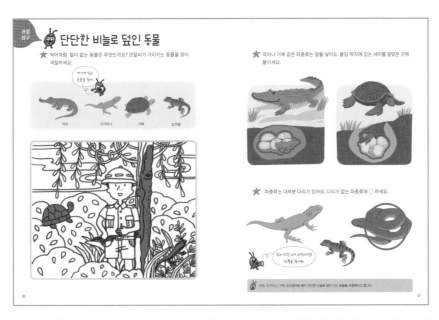

'파충류'라는 개념어를 알아봅니다. 겉모습을 통해 파충류의 공통점을 찾아봅니다. 악어, 이구아나, 거북, 도마뱀, 뱀은 털이 없고, 몸이 비늘로 덮여 있습니다. 털이 있는 사람이나 새와의 차이점을 비교해 봅니다.

20쪽　숨은그림찾기입니다. 제시한 파충류 동물을 찾아보며 생김새를 변별합니다.

21쪽　악어와 거북의 공통점을 통해 파충류의 특징을 찾습니다. 파충류는 알을 낳습니다. 이구아나, 도마뱀, 뱀은 악어나 거북에 비해 생태적 특징이 더 닮은 파충류입니다. 차이점은 뱀은 다리가 없습니다. 시각적인 차이로 변별합니다.

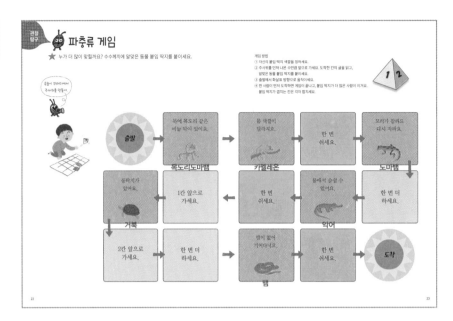

보드게임을 통해 파충류의 생김새에 대한 글을 읽습니다. 관찰 탐구와 과학적인 의사소통 탐구 방법입니다.

22~23쪽 ❶ 게임에 사용되는 주사위를 만들고, 각자 붙임 딱지의 색깔을 정해 나눠 갖습니다. ❷ 주사위를 던져 바닥에 닿은 곳의 숫자를 읽습니다. ❸ 만약 바닥면에 1이 나오면, 1칸 앞으로 가서 글을 읽고, 해당되는 동물 붙임 딱지를 붙입니다. 화살표 방향대로 진행하고, 붙임 딱지를 붙인 곳에서부터 다시 출발합니다. ❹ 상대방 붙임 딱지가 붙여진 칸에 닿으면 옆에 붙입니다. 순서대로 게임하고, 한 사람이 먼저 도착하면 게임이 끝납니다. 칸에 붙은 붙임 딱지의 수를 세어 더 많은 사람이 이깁니다.

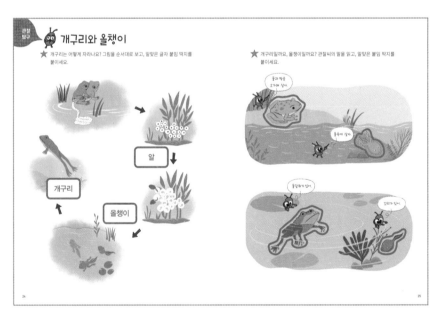

알 → 올챙이 → 개구리로 자라는 '개구리의 한살이'를 알아보고 다 자란 개구리와 올챙이의 차이점을 비교합니다.

24쪽 개구리는 물에 알을 낳습니다. 알에서 나온 올챙이는 물속에서 살아갑니다. 자라는 동안 뒷다리 → 앞다리 순서대로 나오고, 꼬리가 없어집니다. 다 자란 개구리는 물과 땅을 오가며 살아갑니다.

25쪽 개구리와 올챙이의 사는 곳과 겉모습을 비교해 봅니다. 개구리의 발에는 물갈퀴가 있어서 헤엄치기 좋습니다. 올챙이는 꼬리로 헤엄을 칩니다. 동물의 생태 특징을 알기 전에 겉모습을 먼저 비교해 봅니다.

26쪽 '양서류'라는 개념어를 알아봅니다. 물과 땅을 오가며 살아가는 동물이 양서류입니다. 개구리, 두꺼비, 맹꽁이는 꼬리가 없는 양서류입니다. 몸이 굵고 짧으며, 목 부분에는 잘록한 부분이 없습니다. 도롱뇽은 꼬리가 있는 양서류입니다. 양서류인 동물의 공통점과 차이점을 비교해 봅니다.

27쪽 물에 사는 어류의 움직이는 원리를 살펴봅니다. 몸속에 공기가 드나드는 공기 주머니를 '부레'라고 합니다. 부레와 같은 원리로 뜨고 가라앉는 잠수함과 비교해 봅니다. 물탱크에 물을 채워 공기가 빠지면 잠수함이 무거워져 가라앉습니다. 반대로 물을 빼면 공기가 채워져 잠수함이 위로 뜹니다. 잠수함은 물 탱크의 공기 양을 조절하여 뜨고 가라앉습니다.

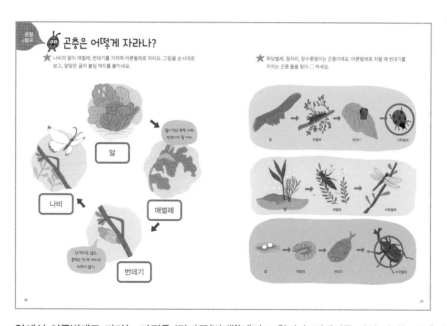

알에서 어른벌레로 자라는 과정을 '탈바꿈(변태)'(이)라고 합니다. 번데기를 거쳐 자라는 곤충과 번데기를 거치지 않는 곤충의 차이점을 비교해 봅니다.

28쪽 알 → 애벌레 → 번데기 → 나비로 자라는 한살이를 통해 나비의 탈바꿈 과정을 알아봅니다. 탈바꿈을 하는 곤충은 새끼와 어미가 많이 닮지 않았습니다.

29쪽 무당벌레, 잠자리, 장수풍뎅이의 탈바꿈 과정을 비교해 봅니다. 잠자리는 번데기를 거치지 않고 어른벌레가 됩니다.

30~31쪽

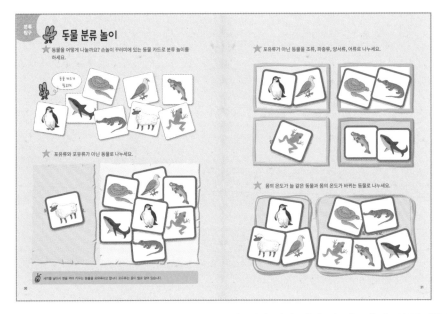

동물 카드로 분류 놀이를 합니다. 뱀, 비둘기, 연어, 펭귄, 상어, 악어, 양, 개구리 카드를 준비합니다.

30쪽 포유류의 특징을 찾습니다. 털이 있는 동물을 찾아 구분짓고, 그 중에서 새끼를 낳는 동물로 나누어 봅니다.

31쪽 포유류가 아닌 동물 카드만 준비합니다. 모두 알을 낳기 때문에 분류 기준이 될 수 없습니다. 사는 곳, 털이 있는지, 딱딱한 비늘로 덮였는지 등을 찾아 같은 것끼리 나누어 봅니다.
바깥 온도에 관계없이 체온을 항상 일정하고 따뜻하게 유지하는 동물이 정온 동물(항온 동물), 체온이 변하는 동물이 변온 동물입니다. 털이 있는 동물과 털이 없는 동물을 찾아 그 개념을 알아봅니다.

32~33쪽

32쪽 무당벌레, 메뚜기, 매미, 사슴벌레, 소금쟁이, 장구애비, 물방개, 물자라를 사는 곳을 기준으로 나누었을 때, 잘못 분류된 곤충을 찾습니다.

33쪽 완전 탈바꿈을 거치는 곤충과 불완전 탈바꿈을 거치는 곤충으로 분류했습니다. 나비, 장수풍뎅이, 무당벌레는 알→애벌레→번데기→어른벌레로 자라는 완전 탈바꿈을 하는 곤충이고, 매미, 사마귀, 메뚜기, 잠자리는 알→애벌레→어른벌레로 자라는 불완전 탈바꿈을 하는 곤충입니다.

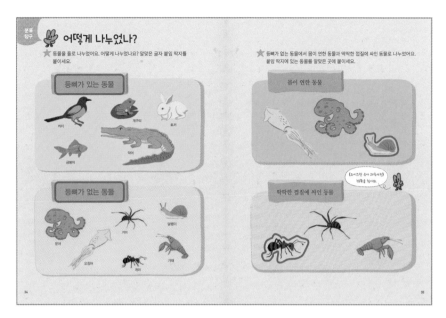

포유류, 조류, 파충류, 양서류, 어류는 등뼈가 있는 척추동물이고, 여기에 속하지 않는 동물은 등뼈가 없는 무척추동물에 속합니다. 까치, 개구리, 토끼, 금붕어, 악어, 문어, 거미, 달팽이, 오징어, 개미, 가재를 두 무리로 나누어 봅니다.

(34쪽) 같이 모인 동물끼리의 공통점과 두 무리 간의 차이점을 찾습니다. 분류 탐구를 통해 동물을 나누는 기준을 알아봅니다.

(35쪽) 앞에서 분류한 등뼈가 없는 동물인 무척추동물을 연체동물과 절지동물로 나누어 봅니다.

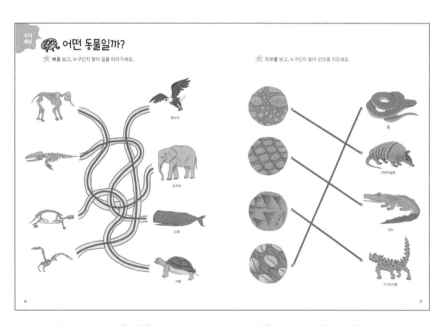

뼈나 피부를 보고 동물을 유추해 봅니다. 알게 된 사실을 통해 새로운 사실을 판단해 보는 추리 탐구입니다.

(36쪽) 뼈는 동물의 골격을 이루고 있습니다. 골격 구조를 근거로 어떤 동물인지 유추해 봅니다.

(37쪽) 동물마다 다른 피부의 특징을 살펴보고, 동물을 유추해 봅니다.

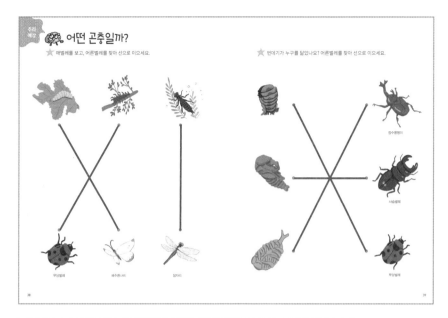

관찰 탐구에서 알아본 생태적인 특징을 통해 어떤 곤충인지 판단해 봅니다.

(38쪽) 애벌레를 보고 어른벌레를 찾아봅니다.

(39쪽) 번데기를 보고, 어른벌레를 찾아봅니다. 장수풍뎅이나 사슴벌레는 번데기 모습에서 유추할 수 있습니다.

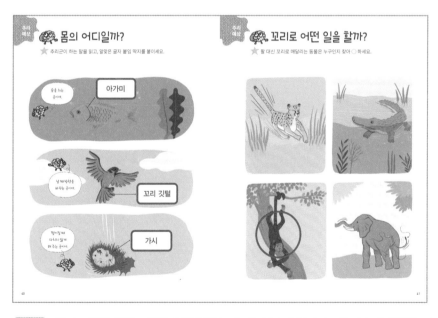

(40쪽) 글과 그림을 단서로 동물의 특징적인 기능을 생각해 봅니다. 새는 날 때 방향을 바꾸거나 멈출 때 꼬리 깃털을 이용합니다. 고슴도치는 떨어질 때 다리를 오므리고 몸을 말아 다치지 않게 합니다. 몸에 있는 단단한 가시 같은 털이 몸을 보호해 줍니다.

(41쪽) 치타는 꼬리를 움직여 방향을 바꿉니다. 악어는 물속에서 헤엄칩니다. 원숭이는 꼬리를 말아 나무에 매달립니다. 코끼리는 꼬리로 파리를 쫓기도 합니다.

42~43쪽

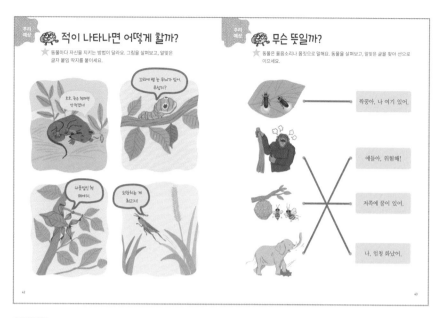

42쪽　힘이 약한 동물이 적을 속이기 위해 어떻게 하는지 생각해 봅니다. 주머니쥐, 호랑나비 애벌레, 사마귀, 메뚜기의 모습을 보고 유추해 봅니다.

43쪽　동물의 의사소통에 대해 생각해 봅니다. 반딧불이는 짝짓기 상대를 찾기 위해 특별한 빛을 냅니다. 침팬지는 화가 나면 이빨이 보이도록 입을 크게 벌립니다. 꿀벌은 엉덩이를 흔들어 꼬리춤을 추어 꿀이 있다고 친구들에게 알립니다. 코끼리는 발로 땅을 쿵쿵 울려 위험을 알립니다.

44~45쪽

44쪽　파충류인 악어는 변온 동물입니다. 몸이 두꺼운 비늘로 덮여 있어 피부 밖으로 땀을 내보낼 수 없습니다. 더울 때는 입을 크게 벌려 몸 밖으로 열을 내보내어 체온을 조절합니다. 악어에 대한 사실을 근거로 변온 동물을 유추하여 같은 파충류를 찾습니다.

45쪽　파충류나 양서류, 어류, 무척추동물 같은 변온 동물은 추운 겨울에 겨울잠을 잡니다. 포유류 중에서도 곰이나 다람쥐, 너구리는 겨울에 먹이가 부족하게 되면 에너지를 적게 쓰기 위해 겨울잠을 자기도 합니다.

46쪽 동물의 천적과 공생 관계에 대해 알아봅니다. 무당벌레는 진딧물의 천적입니다. 개미는 진딧물의 단물을 받고, 무당벌레가 진딧물을 먹지 못하게 하여 공생 관계라고 할 수 있습니다. 이야기를 통해 이유를 유추해 봅니다.

47쪽 물고기나 뱀은 이동 방법이 날개가 있는 새나 다리가 있는 동물과 다릅니다. 동물에 대한 사실을 근거로 뒤집어 생각해 봅니다. 창의적인 사고 전략입니다.

이런 내용을 배웠어요.

관찰 탐구

- 꽃의 생김새 자세히 보기
- 꽃에서 씨가 만들어지는 과정 살펴보기
- 다양한 씨와 열매의 생김새 비교하기

분류 탐구

- 씨 퍼뜨리는 방법을 기준으로 씨 모으기
- 나무와 풀을 여러 가지 기준으로 나누기
- 꽃과 씨를 기준으로 식물 무리 짓기

추리 · 예상 탐구

- 잎의 색깔에 대한 이야기 읽고, 원인 추론하기
- 식물의 속성이 이용된 음식이나 물건 찾아보기
- 식물과 관련된 일을 찾아 글로 써 보기

50〜51쪽

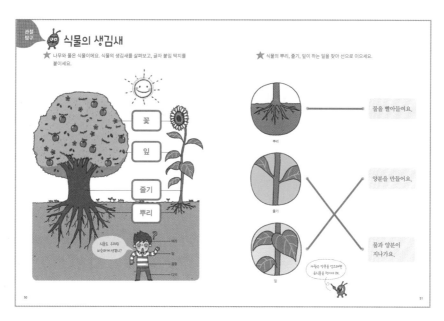

식물은 광합성을 통해 스스로 양분을 만들며 살아가는 생물입니다. 식물의 구조와 기능을 살펴봅니다.

50쪽　사과나무는 나무이고, 해바라기는 풀입니다. 꽃, 잎, 줄기, 뿌리로 이루어진 식물의 구조와 명칭을 알아봅니다. 사람 몸과 차이점을 비교해 봅니다.

51쪽　뿌리, 줄기, 잎의 기능을 알아봅니다. 뿌리에서 물을 빨아들여, 줄기를 통해 잎으로 내보내고, 잎은 물을 이용해서 양분을 만듭니다. 스스로 양분을 만드는 것이 식물의 가장 큰 특징입니다.

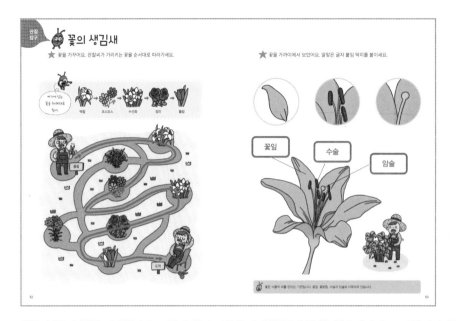

꽃은 식물의 생식 기관입니다. 모양과 색이 다양하며, 꽃받침과 꽃잎, 암술과 수술로 이루어져 있습니다.

52쪽　제시한 식물의 꽃을 순서대로 찾아보면서 꽃의 모양에 집중합니다.

53쪽　꽃을 들여다보면 꽃의 한가운데에 암술이 한 개 있고, 암술 주위에 수술 여러 개가 둘러싸고 있습니다. 꽃의 부분과 전체를 관계 짓는 활동은 자세히 관찰하는 탐구 방법입니다.

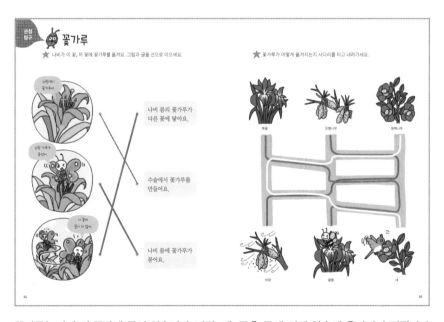

꽃가루는 수술의 꽃밥에 들어 있습니다. 바람, 새, 곤충 등에 의해 암술에 옮겨져 수정됩니다.

54쪽　나비가 꿀을 찾아 꽃의 암술에 날아옵니다. 꿀을 먹는 동안 나비의 몸에 꽃가루가 묻게 됩니다. 나비가 꽃가루를 묻힌 채로 다른 꽃에 앉게 되면 수술이 옮겨지게 됩니다.

55쪽　대부분의 꽃은 스스로 꽃가루를 받을 수 없어 나비나 벌, 새, 바람 등의 도움을 받습니다. 바람의 도움을 받는 꽃은 현란한 색이나 향기, 꿀을 만들지 않고, 많은 양의 꽃가루를 만듭니다.

56~57쪽

수술과 암술이 만나 '씨'를 만들어 번식합니다. 식물이 자손을 퍼뜨리는 것을 살펴봅니다.

56쪽 ❶ 꽃가루가 암술머리에 붙는 것을 '꽃가루받이' 또는 '수분'이라고 합니다. ❷ 암술의 씨방 속에 밑씨가 들어 있습니다. 꽃가루가 이 밑씨와 합쳐지는 것을 '수정'이라고 합니다. ❸ 꽃잎은 시들어 떨어지고, 씨와 열매로 자랍니다. ❹ 열매는 씨를 감싸며 씨가 자랄 때 영양분을 공급합니다.

57쪽 소나무는 밑씨를 감싸는 씨방이 없이 열매를 맺습니다. 솔방울이 벌어지면 날개가 달린 씨가 날아갑니다. 감나무는 씨방이 밑씨를 감싸며 자라고, 열매 안에 씨가 들어 있습니다.

58~59쪽

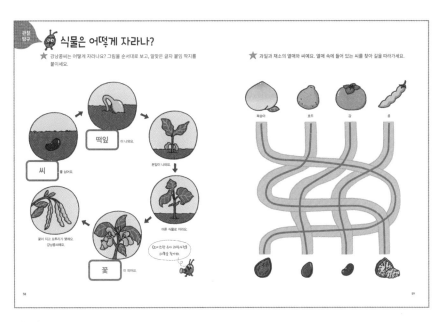

58쪽 씨가 자라는 과정을 살펴봅니다. 씨가 싹터서 처음 나오는 잎이 떡잎입니다.

59쪽 과일과 채소의 열매와 씨를 관계 짓고, 생활 속에서 찾아 직접 관찰해 봅니다.

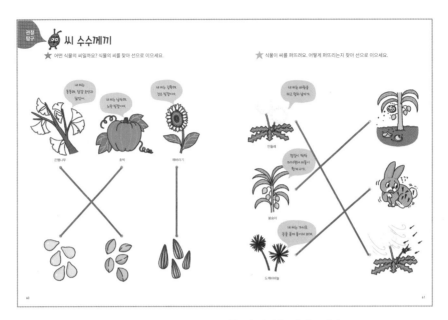

여러 종류의 씨를 관찰하고, 씨를 어떻게 퍼뜨리는지 방법을 알아봅니다.

60쪽 모양이 다른 식물의 씨를 비교해 봅니다. 생김새를 묘사한 글을 읽고, 씨를 찾아봅니다. 수수께끼 놀이는 관찰력과 언어 표현력을 키웁니다. 생활 속에서 씨를 찾아 수수께끼로 내 봅니다.

61쪽 민들레 씨는 솜털 같은 깃털이 있어 쉽게 공중으로 날아오릅니다. 봉숭아는 열매가 다 익으면 살짝만 건드려도 씨가 사방으로 튕겨져 나갑니다. 도깨비바늘은 씨가 길쭉하고 끝에 가시가 나 있어 동물의 털에 잘 달라붙습니다.

62쪽 씨를 퍼뜨리는 방법을 기준으로 식물을 분류해 봅니다. 단풍나무, 민들레는 씨를 바람에 날려 퍼뜨립니다. 강낭콩, 봉숭아는 열매가 익으면 터지면서 씨가 튕겨 나갑니다. 가막사리, 도깨비바늘, 도꼬마리는 동물 털에 붙어 씨가 퍼뜨려집니다.

63쪽 열매에 들어 있는 씨의 개수를 기준으로 나눌 수도 있습니다. 망고, 복숭아, 아보카도는 씨가 한 개 들어 있습니다. 석류, 사과, 키위는 씨가 여러 개 들어 있습니다.

식물 카드로 분류 놀이를 합니다. 스스로 기준을 세워 나누어 봅니다. 분류 탐구는 대상의 공통점과 차이점 찾기입니다. 공통점을 가진 대상끼리 모아, 차이점을 가진 대상과 구분 짓는 탐구 활동입니다.

64쪽 소나무, 배나무, 벚나무, 대나무는 나무이고, 쑥, 비비추, 고추, 해바라기, 봉숭아, 국화는 풀입니다.

65쪽 여러 해 동안 사는 여러해살이 식물과 봄에 싹이 터서 그해 가을에 열매를 맺고 죽는 한해살이 식물을 분류합니다. 소나무, 배나무, 대나무, 벚나무, 쑥, 비비추, 국화는 여러해살이 식물이고, 고추, 해바라기, 봉숭아는 한해살이 풀입니다.

모아 놓은 식물끼리 공통점을 찾고, 구분해 놓은 식물과의 차이점을 찾습니다.

66쪽 꽃이 피는 꽃식물과 꽃이 피지 않는 민꽃식물로 분류합니다. 봉숭아, 소나무, 장미, 민들레, 벼는 꽃식물이고, 고사리, 검정말, 우산이끼는 민꽃식물입니다.

67쪽 꽃식물을 씨가 겉으로 드러나 있는 겉씨식물과 열매가 씨를 감싼 속씨식물로 분류합니다. 잣, 은행, 솔방울은 겉씨식물이고, 사과, 감, 복숭아는 속씨식물입니다. 분류 기준을 읽고, 기준에 맞지 않게 모은 것을 찾습니다.

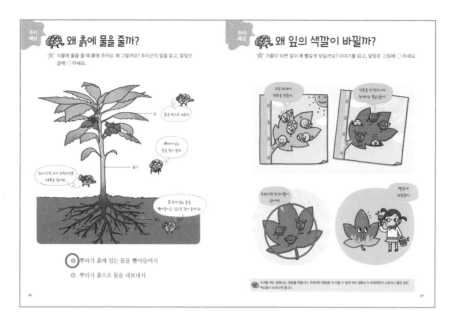

생활 속에서 경험하는 일이나 현상에 대해 "왜 그럴까?" 원인이나 이유를 추론해 보는 추리 탐구입니다. 어떤 사실에 대한 추론은 이미 알고 있는 지식이나 사실을 근거로 판단을 내리는 것입니다.

(68쪽) 제시한 식물의 구조와 기능을 살펴보고, 그것을 근거로 이유를 유추합니다. 뿌리가 흙에 있는 물을 빨아들이면 줄기에서 물을 밀어 올리고, 잎은 물을 내보내는 증산 작용을 합니다.

(69쪽) 잎에는 여러 가지 색소가 들어 있고, 녹색을 띤 색소가 엽록소입니다. 엽록소는 식물이 살아가는 데 필요한 양분을 만듭니다. 하지만 추워지면 양분을 만들지 않아 빨간색 색소만 남아 빨갛게 보입니다.

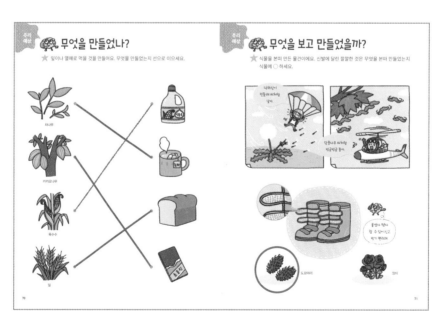

주변의 음식이나 물건에서 식물의 쓰임새를 생각해 봅니다.

(70쪽) 식물의 특징을 알고, 어떤 음식을 만들었는지 유추해 봅니다. 음식의 포장지에 적힌 글을 단서로 찾아봅니다.

(71쪽) 식물의 특징을 활용해서 만들어진 물건을 알아봅니다. 낙하산은 민들레 씨를, 헬리콥터의 프로펠러는 단풍나무 씨가 바람을 타고 나는 원리를 이용해 만들어졌습니다. 밸크로는 까칠까칠한 면이 부드러운 면에 착 달라붙게 만든 것입니다.

어떤 꽃은 향기가 나고, 어떤 꽃은 고약한 냄새를 풍깁니다. 어떤 꽃은 낮에 피고, 어떤 꽃은 밤에 핍니다. 식물마다 효과적인 꽃가루받이를 위해 원하는 곤충이 다르기 때문입니다.

72쪽 그림에서 냄새를 맡거나 코를 막고 있는 곳을 찾습니다. 시든 꽃은 냄새가 나지 않습니다.

73쪽 낮에 피는 나팔꽃은 벌이나 나비 같은 동물을 이용하여 꽃가루받이를 하고 밤에 피는 박꽃은 야행성 동물인 나방, 쥐, 박쥐 등을 이용해서 꽃가루받이를 합니다.

74쪽 씨가 싹이 트려면 일정한 조건이 갖춰져야 합니다. 적당한 햇빛, 따뜻한 온도, 물, 공기가 필요합니다. 위와 아래 두 그림을 비교해 보고, 왜 싹이 트지 않았는지 위의 그림을 근거로 판단해 봅니다.

75쪽 과학과 관련한 글쓰기 활동입니다. 식물과 관계 있는 직업에 대해 생각해 봅니다. 조경사, 플로리스트, 식물학자가 하는 일을 살펴보고, 주변에서 식물과 관련된 다른 일도 찾아봅니다.

생태계 해답과 도움말

이런 내용을 배웠어요.

관찰 탐구

- 먹이에 따라 동물의 관계 알아보기
- 숲 살펴보기

분류 탐구

- 두 무리로 나눈 기준을 보고, 생물의 속성 찾아보기
- 숲과 연못의 공통점과 차이점 찾아보기

추리 · 예상 탐구

- 세균, 곰팡이 같은 미생물과 관계있는 일 찾기
- 미생물이 없으면 일어나게 될 일 글로 써 보기

78~79쪽

생태계에서 먹이를 중심으로 이어진 생물 간의 관계를 '먹이 사슬'이라고 합니다.

78쪽 동물이 무엇을 먹고 살아가는지 알아봅니다.

79쪽 손놀이 꾸러미에 있는 만들기로 '먹이 사슬' 놀이를 해 봅니다. "꿀꺽!"이라고 외치면서 마트로시카 인형처럼 더 큰 통으로 작은 통을 포개어 갑니다. 풀→쥐→뱀→매를 순서대로 포개면 모두 매의 배속으로 들어갑니다. 쥐는 뿌리, 씨, 열매나 곤충을 먹는 잡식성 동물이고, 뱀에게 먹힙니다.

(80쪽) 풀은 메뚜기에게, 메뚜기는 개구리에게, 개구리는 매에게 먹히는 관계를 살펴봅니다.

(81쪽) 생태계에서 여러 생물의 먹이 사슬이 그물처럼 복잡하게 얽혀 있는 것을 먹이 그물이라고 합니다. 화살표를 따라 살펴봅니다. 꽃의 꿀은 나비가 먹고, 나비는 개구리에게 먹히고, 개구리는 매나 뱀에게 먹힙니다. 나무의 열매는 다람쥐가 먹고, 다람쥐는 뱀이나 매에게 먹힙니다.

어떤 장소에서 살아가는 모든 생물과 생물을 둘러싼 환경이 서로 상호 작용하는 것을 생태계라고 합니다.

(82쪽) 나무를 중심으로 생물이 살아가는 숲 생태계입니다. 버섯이나 곰팡이, 박테리아 등은 분해자입니다. 죽은 생물을 분해하여 다른 생물이 이용할 수 있게 해 줍니다.

(83쪽) 물, 공기, 흙, 적당한 온도는 생태계를 이루는 환경 요소입니다. 나무, 풀은 양분을 만드는 생산자이고, 토끼, 사슴, 여우, 매는 다른 생물을 먹고 살아가는 소비자입니다.

분류 활동을 하며 생물의 개념을 알아봅니다.

84쪽 생물과 무생물을 기준으로 나누어 봅니다. 모아 놓은 대상 간의 차이점을 찾아봅니다. 장난감이나 인형, 돌은 먹지도 않고, 자라지도 않고, 새끼도 낳을 수 없는 무생물입니다.

85쪽 양분을 얻는 방법을 기준으로 생물을 나누어 봅니다. 생태계에서 스스로 양분을 얻는 식물은 생산자입니다. 식물을 먹거나 다른 동물을 먹어 양분을 얻는 동물은 소비자입니다.

모여 있는 생물과 주변 환경을 살펴보면서 숲 생태계와 연못 생태계에 대해 알아봅니다.

86쪽 생산자와 소비자, 분해자가 주변 환경과 상호 작용하며 살아가는 숲 생태계와 연못 생태계로 나누어 봅니다.

87쪽 김치나 치즈, 요구르트에 들어 있는 유산균은 우리 몸을 건강하게 도와줍니다. 음식물의 소화를 도와주고, 변비를 예방합니다. 질병을 일으키는 세균은 콜레라, 폐렴, 장티푸스 등의 원인이 됩니다. 설사를 하거나 토하게 합니다.

88~89쪽

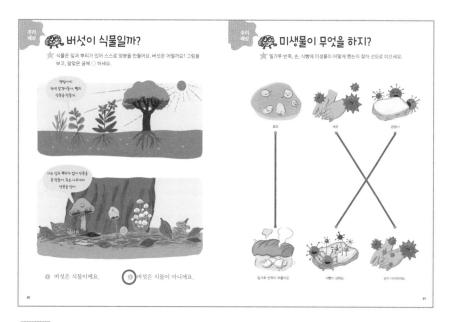

88쪽 식물은 스스로 양분을 만들지만, 버섯은 썩은 나무에서 양분을 얻습니다. 식물이 아닌 버섯은 잎과 뿌리가 없습니다.

89쪽 효모, 세균, 곰팡이 같은 눈에 보이지 않는 작은 생물을 미생물이라고 합니다. 효모는 밀가루 반죽을 발효시킵니다. 세균은 손을 더럽게 합니다. 흙을 만지거나 놀다 보면 세균이 손에 묻어 병을 일으키기도 합니다. 곰팡이는 식빵 같은 음식에 붙어 음식을 상하게 합니다.

90~91쪽

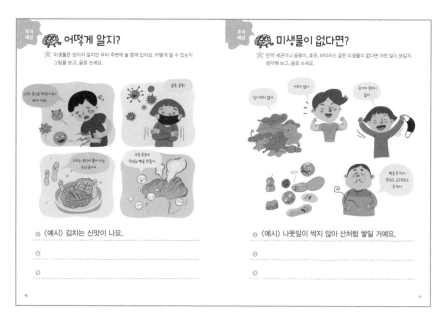

미생물에 대한 사실을 근거로 글쓰기 활동을 합니다.

90쪽 우리 주변에서 쉽게 발생되는 질병이나 감기, 발효 음식을 찾아보고 글로 써 봅니다.

91쪽 세균이나 곰팡이, 효모, 바이러스에 의해 어떤 일이 생기는지 생각해 보고, 글로 써 봅니다.

우리 몸 해답과 도움말

이런 내용을 배웠어요.

관찰 탐구

• 그리기와 창의적인 꾸미기로 몸 살펴보기

• 빨대와 비닐봉지 실험을 통해 호흡 원리 들여다보기

• 뇌와 신경, 호흡, 소화, 배설이 이루어지는 과정 살펴보기

분류 탐구

• 음식을 나누어 보고, 영양소가 하는 일 알아보기

• 같은 일을 하는 몸끼리 모으기

• 기준에 따라 관계있는 것끼리 모으기

추리 · 예상 탐구

• 씹는 과정을 실험해 보고 결과 예상하기

• 상처나 똥에 대해 알고, 근거를 찾아 판단하기

• 가족끼리 닮은 생김새에 대해 글로 써 보기

94~95쪽

그리기와 자유로운 꾸미기로 자신의 신체에 대해 관심을 갖게 합니다.

94쪽 자신의 몸을 살펴보면서 생김새의 특징과 신체의 구조를 알아봅니다. 인체는 머리, 몸통, 팔과 다리로 크게 구분 짓습니다. 가슴과 배, 등과 엉덩이 등 세부적인 명칭을 확인해 봅니다.

95쪽 신체를 이용한 창의적인 융합 활동입니다. 여러 모양의 눈, 코, 입을 조합하여 얼굴을 꾸며 봅니다. 생활 속에 있는 잡지 사진 등을 오려 활동해 봅니다.

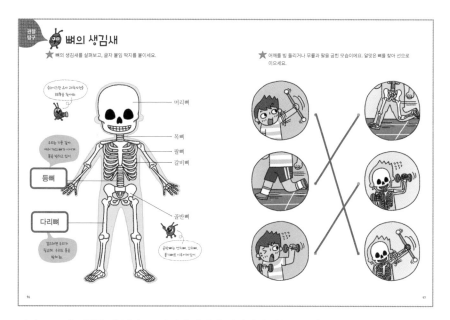

뼈의 구조와 명칭을 확인하고, 뼈끼리 맞닿아 연결되어 있는 관절을 살펴봅니다.

96쪽 등뼈는 큰 기둥 모양이며 서 있을 수 있도록 몸을 지탱합니다. 다리뼈는 기다랗게 생겼고, 몸을 움직이게 합니다. 골반뼈(골반)는 몸통의 아래쪽 부분을 이루는 뼈입니다. 양쪽 볼기뼈와 엉치뼈, 꼬리뼈로 이루어져 있고, 볼기뼈는 엉덩뼈, 궁둥뼈, 두덩뼈로 이루어져 있습니다.

97쪽 어깨뼈와 팔뼈가 연결되어 어깨를 돌릴 수 있습니다. 팔, 다리는 각각 위뼈, 아래뼈가 연결되어 굽혔다 폈다 할 수 있습니다. 뼈가 연결된 곳에 주목하고, 신체의 여러 부위를 직접 굽혔다 폈다 해 봅니다.

온몸에 신경이 퍼져 있습니다. 외부의 자극이 척수를 통해 뇌로 전달되고, 뇌는 그에 알맞은 명령을 척수를 통해 온몸으로 전달합니다. 뇌와 척수가 우리 몸의 중추 신경이고, 말초 신경이 온몸에 퍼져 있습니다.

98쪽 무엇을 보고, 들었는지 감각 기관을 통해 받아들인 자극이 뇌로 전달되면, 뇌에서 판단을 내립니다.

99쪽 떡볶이가 매울 때 물을 마시라고 뇌에서 명령을 내립니다. 고양이의 울음소리를 듣고 배고프다고 판단한 뇌는 밥을 주도록 명령합니다. 뇌와 신경계를 이해하기는 아직 어렵습니다. 자극과 행동을 관계 짓는 활동에 집중합니다.

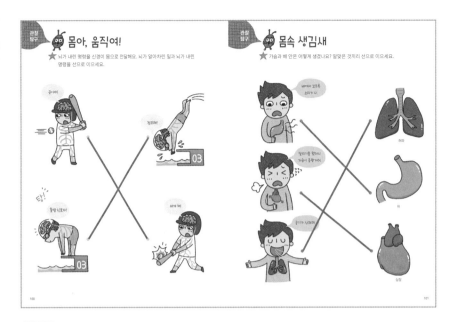

100쪽 뇌와 척수에 연결되어 온몸에 뻗어 있는 신경이 말초 신경입니다. 야구 선수나 수영 선수의 뇌는 자극을 받아들여 공을 치거나, 물속으로 뛰어들도록 말초 신경에게 명령을 내려 반응하게 합니다.

101쪽 같은 모양의 내장 기관을 찾아 관계 지어 봅니다. 자신의 몸에서 배고플 때 꼬르륵 소리가 나거나, 달리기를 했을 때 쿵쾅거리는 부위를 직접 느껴 보게 합니다. 같은 모양 찾기는 관찰력을 키우는 탐구 방법입니다.

우리 몸에서 숨을 들이마시고 내쉬는 일이 호흡입니다. 코, 기관, 기관지와 허파 등에서 일어납니다. 몸에 필요한 공기를 들이마시고, 불필요한 공기를 몸 밖으로 내보냅니다.

102쪽 공기가 드나드는 허파 대신 비닐봉지를, 공기가 드나드는 기관 대신 빨대를 이용해서 호흡의 원리를 알아봅니다. 공기가 들어가면 비닐봉지가 부풀고, 공기가 빠지면 비닐봉지가 쪼그라듭니다.

103쪽 숨을 들이마시거나 내쉴 때 코와 입–기관–기관지–허파로 공기가 드나들며 허파가 부풀었다 쪼그라들었다 합니다.

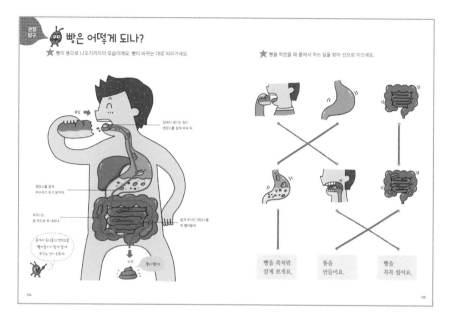

우리가 먹은 음식은 '입 → 식도 → 위 → 십이지장 → 작은창자 → 큰창자' 순으로 지나면서 잘게 부서지고, 잘게 부서진 영양소는 작은창자에서 흡수되며, 큰창자에서는 주로 물을 흡수합니다. 흡수된 영양소 중 일부는 간에서 양분으로 저장되며, 나머지는 혈액을 통해 온몸으로 운반되어 몸의 각 부분에 전달됩니다.

104쪽 우리 몸에서 소화와 관련된 기관을 살펴봅니다. 음식이 점점 잘게 쪼개지는 모습에 집중합니다. 영양소를 흡수하고 남은 찌꺼기는 똥이 되어 나옵니다. 길 따라가기 활동을 통해 음식이 이동하는 원리를 알아봅니다.

105쪽 소화와 관련된 활동과 기관을 관계 지어 봅니다.

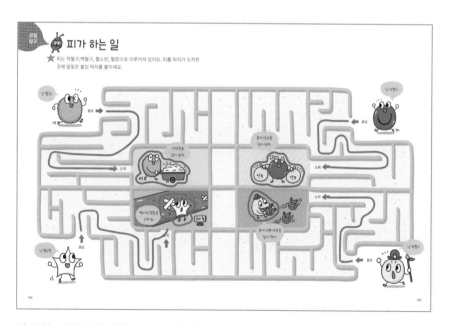

살아가는 데 필요한 영양소나 산소를 운반하는 기관을 '순환계'라고 합니다. 혈액, 심장, 혈관으로 이루어집니다. 액체 성분인 혈장과 백혈구, 적혈구, 혈소판으로 이루어진 혈액의 구성과 기능을 알아봅니다.

106쪽 혈장은 세포에 영양분을 운반해 주고, 세포에서 생긴 노폐물, 이산화 탄소를 운반해 오고, 체온 조절 작용을 합니다. 혈소판은 출혈이 생기면 혈액을 굳게 해서 딱지를 만들어 출혈을 멈추게 합니다.

107쪽 적혈구는 온몸에 산소를 운반합니다. 백혈구는 몸속에 침입한 세균을 잡아먹습니다. 우리 몸이 세균에 감염되면 백혈구 수가 증가합니다.

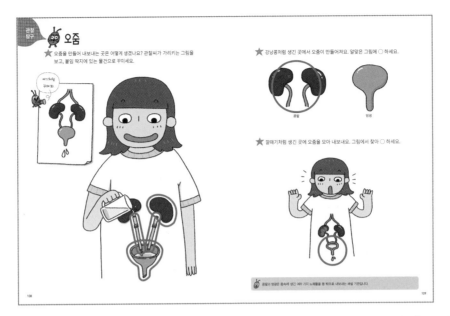

몸에서 생긴 여러 가지 노폐물을 몸 밖으로 내보내는 작용을 '배설'이라고 하며 오줌이나 땀으로 내보냅니다.

108쪽 몸에서 배설을 담당하는 콩팥과 방광의 생김새를 살펴봅니다. 모양이나 쓰임새가 닮은 물건을 주변에서 찾아 직접 만들어 봅니다.

109쪽 오줌은 콩팥에서 만들어집니다. 콩팥은 붉은 콩이나 팥처럼 생겼습니다. 콩팥은 피를 걸러 내고, 오줌을 만듭니다. 오줌은 방광에 모였다 몸 밖으로 배설됩니다.

탄수화물, 지방, 단백질, 비타민, 물 등을 영양소라고 하며, 음식을 통해 섭취합니다.

110쪽 밥, 빵, 고구마, 감자는 탄수화물이 들어 있습니다. 움직이는 힘이 나게 해 줍니다. 당근, 사과, 시금치, 귤은 비타민이 들어 있습니다. 비타민은 몸의 기능이 정상적으로 돌아가는 데 필요합니다.

111쪽 닭고기, 생선, 두부, 달걀, 콩에는 단백질이 들어 있습니다. 단백질은 주로 근육이나 머리카락, 손톱이나 뼈를 만듭니다. 땅콩, 호두, 버터, 기름에는 지방이 들어 있습니다. 지방은 적은 양으로 많은 에너지를 낼 수 있습니다.

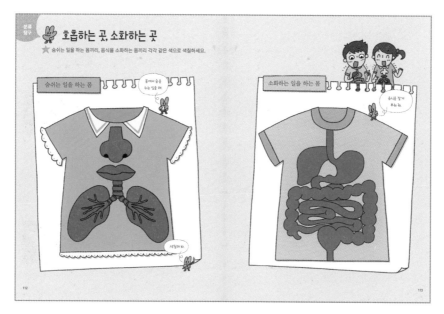

호흡 기관과 소화 기관끼리 모아 옷에 디자인해 봅니다. 과학과 예술의 융합 활동입니다.

112쪽 코, 입, 기관, 기관지, 허파는 호흡 작용을 담당하는 호흡 기관입니다.

113쪽 위, 간, 작은창자, 큰창자는 소화를 담당하는 소화 기관입니다.

114쪽 뇌는 떡볶기를 먹게 하거나 글을 쓰거나 날아오는 공을 치도록 명령을 내립니다. 하지만 뇌의 직접적인 영향을 받지 않고, 자율적으로 조절하는 일이 있습니다. 자고 있어도 심장이 뛰고, 호흡하거나, 신체가 위급할 때 뇌를 거치지 않고 빠르게 반응해야 합니다. 이렇게 할 수 있는 신경이 자율 신경입니다.

115쪽 관계있는 것끼리 모아 봅니다. 선크림, 손톱깎이, 부채는 피부와 관계있는 물건입니다. 선크림은 피부에 해로운 자외선을 막아 주는 물건입니다. 손톱깎이나 부채는 피부에 난 땀구멍이나 손톱과 관계있는 물건입니다. 마스크나 공장의 매연, 공기 청정기는 공기를 통해 숨을 쉬는 허파와 관계있는 물건입니다.

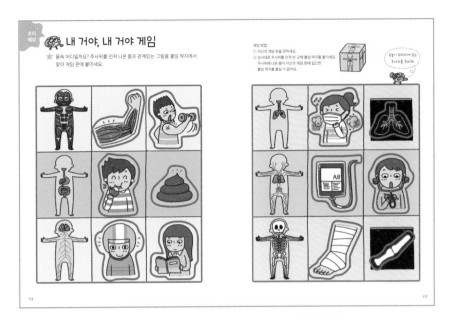

주사위를 던져 나오는 신체 기관과 관계있는 것을 유추하는 게임입니다.

116쪽 근육은 우리 몸의 운동 기관입니다. 팔을 굽히거나 운동으로 근력을 키웁니다. 입이나 위, 창자는 음식을 먹고 소화시켜 똥을 배출합니다. 뇌와 척수는 우리 몸의 신경 기관입니다. 뇌는 다치기 쉬워 헬멧으로 보호합니다.

117쪽 마스크와 엑스레이 사진은 호흡하는 허파와 관계있습니다. 혈액 봉지와 청진기는 심장, 혈관과 관계있습니다. 뼈가 부러졌을 때는 석고 붕대를 합니다.

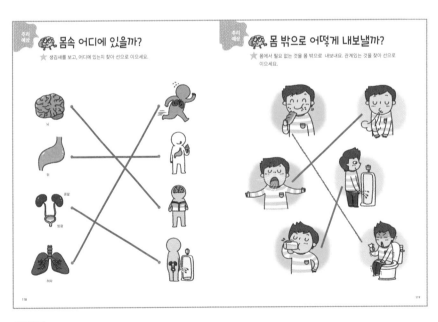

118쪽 각 신체 부위의 생김새를 보고, 몸에서 찾아봅니다.

119쪽 음식이 소화되고 에너지로 변하는 과정에서 생긴 몸에 필요 없는 것을 노폐물이라고 합니다. 날숨, 오줌, 땀, 똥 등에 섞여 몸 밖으로 배출되거나 배설됩니다. 소화되지 못한 빵 찌꺼기는 똥으로 배출됩니다. 에너지를 만드는 과정에서 발생한 이산화 탄소는 호흡 운동으로 폐를 통해 몸 밖으로 나가고, 물은 땀이나 오줌으로 배설됩니다.

침이 음식물을 부드럽게 하고, 녹이는 과정도 소화 과정에 포함됩니다. 소화에 대해 실험해 보고, 결과를 예상해 봅니다.

120쪽 음식을 입에 넣으면 자연스럽게 씹는 운동을 하게 되고, 잘게 부서진 음식물은 침과 뒤섞입니다. 침에는 소화를 돕는 물질이 들어 있어 오래 씹을수록 그 물질이 많아집니다. 10번 씹었을 때보다 20번 씹었을 때 침이 더 많아졌다면, 30번 씹었을 때 더 많아질 거라고 판단해 보는 것이 예상 탐구입니다.

121쪽 관찰에서 알아본 소화에 관한 지식을 근거로 똥이 무엇인지 유추해 봅니다.

122쪽 숨을 쉴 때는 근육을 사용하지 않고, 갈비뼈와 횡격막이 위아래로 움직임에 따라 허파 속으로 공기가 들어오고 나갑니다. 똥을 내보내는 괄약근은 의지대로 움직일 수 없는 근육이고, 기지개를 켜거나 표정을 짓는 골격근은 의지대로 움직일 수 있는 근육입니다.

123쪽 딱지는 피를 멎게 하고, 상처를 덮어 세균 감염을 막습니다. 피가 공기에 닿으면 혈소판이 파괴되면서 피를 굳게 합니다. 이야기를 읽고, 딱지가 어떤 일을 하는지 알아봅니다. 알아본 사실을 근거로 딱지를 떼어 내도 될지, 떼어내면 안될지 판단해 봅니다. 사실을 근거로 유추해 보는 추리 탐구입니다.

124쪽　소리를 듣고 판단을 내리는 과정을 순서대로 알아봅니다. 일의 순서 찾기는 일의 전후 관계를 따져 보는 것입니다. 인과성에 의한 추리 탐구 방법입니다. 소리는 귀로 모아져 고막을 진동시킵니다. 신경을 통해 뇌에 전해지면 뇌에서 고양이 소리인 것을 압니다.

125쪽　코와 입은 공기가 드나드는 구멍입니다. 그 구멍을 막게 되면 공기가 허파로 들어갈 수 없습니다.

배꼽이 무엇인지, 어떻게 생겼는지 묘사해 보고, 왜 엄마 아빠를 닮았는지 글로 씁니다.

126쪽　엄마 배 속에서 자라는 아기의 모습을 살펴봅니다. 탯줄로 이어져 있음을 압니다. 탯줄이 떨어지면서 배의 한가운데에 생긴 자리가 배꼽입니다.

127쪽　엄마나 아빠의 성격이나 체질, 생김새 등의 형질이 자손에게 전해지는 것을 '유전'이라고 합니다. 그림에 나온 가족 사진을 통해 유전된 곳을 살펴보고, 내가 가족과 닮은 곳을 글로 씁니다.

♠ 메모 ♠

♠ 메모 ♠

22~23 쪽

파충류 게임

만드는 방법

① 모양대로 뜯어 내세요.

② 풀로 붙여 삼각뿔 모양의 주사위를 만드세요.

③ 주사위를 던져 바닥에 닿은 쪽의 숫자를 읽으세요.

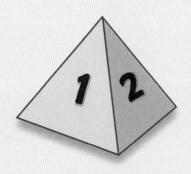

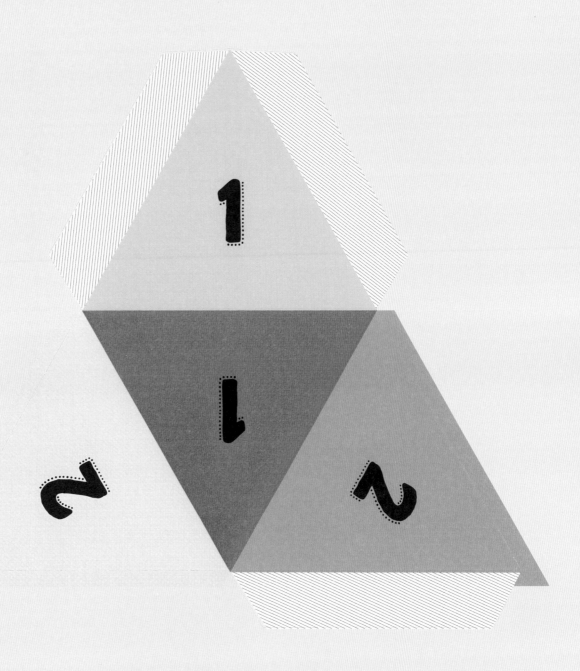

뱀	상어
* 파충류	* 어류
악어	연어
* 파충류	* 어류
개구리	양
* 양서류	* 포유류
비둘기	펭귄
* 조류	* 조류

고추

* 한해살이풀

쑥

* 여러해살이풀

소나무

* 여러해살이 식물_나무

해바라기

* 한해살이풀

비비추

* 여러해살이풀

배나무

* 여러해살이 식물_나무

봉숭아

* 한해살이풀

국화

* 여러해살이풀

대나무

* 여러해살이 식물_나무

벚나무

* 여러해살이 식물_나무

79 쪽

꿀꺽 인형

만드는 방법
① 그림을 뜯어 내세요.
② 둥글게 말아 풀로 붙여 꿀꺽 인형을 만드세요.
③ 풀 → 쥐 → 뱀 → 매 순서로 쏙쏙 끼우며 먹이 사슬 놀이를 하세요.

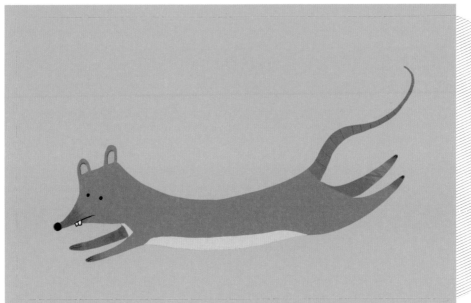

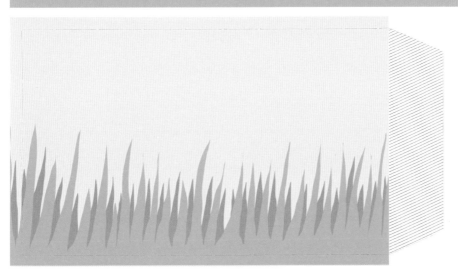

116-117쪽 # 내 거야, 내 거야 게임

만드는 방법
① 모양대로 뜯어 내세요.
② 풀로 붙여 주사위를 만드세요.

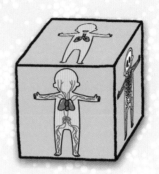

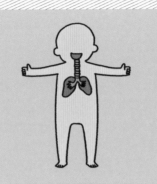

 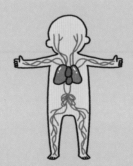 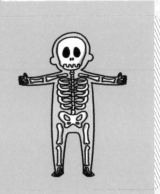

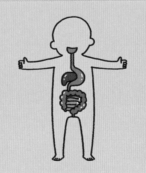

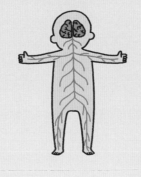

17쪽

19쪽

알 　　　 병아리 　　　 닭 　　　 조류

21쪽

22-23쪽

24쪽

알 　　　 올챙이 　　　 개구리

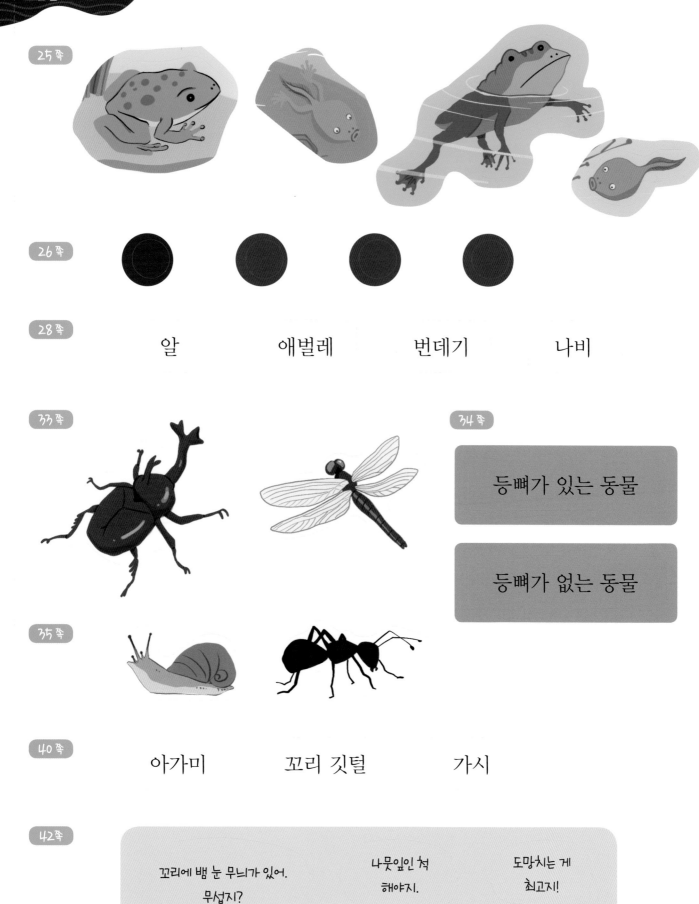

25쪽

26쪽

28쪽

알   애벌레   번데기   나비

33쪽   34쪽

등뼈가 있는 동물

등뼈가 없는 동물

35쪽

40쪽

아가미   꼬리 깃털   가시

42쪽

꼬리에 뱀 눈 무늬가 있어.   나뭇잎인 척   도망치는 게
무섭지?   해야지.   최고지!

50 쪽

꽃 잎 줄기 뿌리

53 쪽

꽃잎 수술 암술

56 쪽

꽃가루 밑씨 열매 씨

57 쪽

58 쪽

씨 떡잎 꽃

62 쪽

63 쪽

66 쪽

꽃이 피는 식물

꽃이 피지 않는 식물

73 쪽

80쪽

84쪽 생물인 것   생물이 아닌 것   87쪽

86쪽

숲 생태계   연못 생태계

95쪽

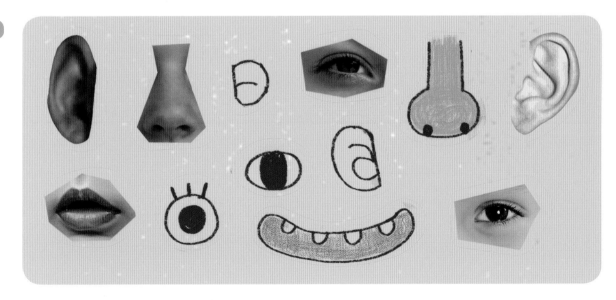

96쪽   등뼈   다리뼈   99쪽   102쪽

106-107쪽

108 쪽

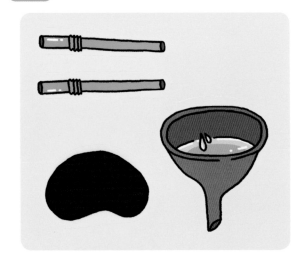

110-111 쪽

114 쪽

뇌의 명령을 받는 일

뇌의 명령을 받지 않는 일

115 쪽

116쪽

116-117쪽

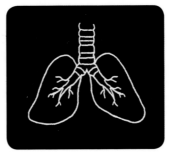

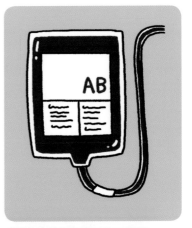

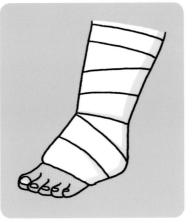

★ 동물, 식물, 생태계, 우리 몸 학습을 마칠 때마다 상장에 붙여 주세요.